宝宝树达人育儿系列

亲子厨房
花式中餐

美食女神Ousgoo吴佩琦的中餐拿手菜

——"逗逗，今天想吃什么呀？"
——"妈妈，就吃你的拿手菜呗！"

U0259033

Ousgoo（吴佩琦）◎ 著

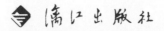漓江出版社

图书在版编目（CIP）数据

亲子厨房·花式中餐 / 吴佩琦著 . —— 桂林：漓江出版社 , 2016.10

ISBN 978-7-5407-7950-4

Ⅰ . ①亲… Ⅱ . ①吴… Ⅲ . ①中式菜肴 – 菜谱 Ⅳ . ① TS972.182

中国版本图书馆 CIP 数据核字 (2016) 第 247208 号

亲子厨房·花式中餐：美食女神 Ousgoo 吴佩琦的中餐拿手菜

著　　者	吴佩琦	
责任编辑	周群芳　于净茹	
装帧设计	韩庆熙	
责任监印	周　萍	

出 版 人	刘迪才
出版发行	漓江出版社
社　　址	广西桂林市南环路 22 号
邮　　编	541002
发行电话	0773-2583322　010-85893190
传　　真	0773-2582200　010-85890870-614
邮购热线	0773-2583322
电子信箱	ljcbs@163.com
网　　址	http://www.lijiangtimes.com.cn
	http://www.Lijiangbook.com
印　　制	北京尚唐印刷包装有限公司
开　　本	635×965　1/12
印　　张	19.5
字　　数	179 千字
版　　次	2016 年 10 月第 1 版
印　　次	2016 年 10 月第 1 次印刷
书　　号	ISBN 978-7-5407-7950-4
定　　价	54.00 元

溜走的是时间　留下的是时光

宝宝树创始人兼 CEO　王怀南

　　我在纽约时曾认识一位朋友，有了孩子之后，他从一个完全不会下厨房的男人变成了精通婴儿辅食的"专家"，听着他对食物选择、营养搭配的侃侃而谈，看着那些出自他手的儿童餐谱，真是相当不可思议。我当时就在想，如果有一个平台，能让所有的爸爸妈妈把自己的育儿心得记录分享出来，那将是一件多么有价值的事。

　　白驹过隙，一晃宝宝树已经成立 9 年了。9 年的时间，是一个孩子最珍贵的时光，也是一个家庭相互陪伴与磨合最动人的成长轨迹。宝宝树也从最初的妈妈交流社区变成了现在中国最大的母婴家庭平台，成为了中国亿万家庭对孩子记忆的存放之地。

　　现在"网红"成为热门概念，当大 V 纷纷涌现、互联网让很多人一夜成名的时候，我发现这些在宝宝树坚持记录的达人们，却没有功利目的地坚持分享，即使粉丝 10 多万，他们也会逐条认真回复每一个向自己咨询的评论。这种认真和无私让我非常感动，也更坚定了我的初心。而随着这些温暖记忆的增多，沉淀下来的幸福也越来越多，看着这些记录下来的美好时光，就好像在看我自己孩子的成长历程一样，和树友一样想分享给更多的家庭。不仅仅是网络上的交流，还能沉淀下来最温情的柔软，翻开书页，你读到的不仅仅是育儿，更是人间最纯粹的爱。

这套"宝宝树达人育儿系列"中的料理达人妈妈Ousgoo（吴佩琦），是出版过若干烘焙书籍的专业人士，从法式软糖到霜糖饼干，她分享的料理食谱在"宝宝树小时光"受到极大欢迎。还有和孩子一起自制手工玩具的金洋妈咪和美食达人爸爸温小飞，他们都是粉丝众多、"树友们"非常熟悉和喜爱的宝宝树育儿达人。

宝宝树有责任记录下这一切，不仅仅是育儿知识和方法，还有最纯粹的爱的传承。我想这套系列书籍只是一个开始，我们鼓励达人和专家为用户创造更多有价值的内容，同时希望宝宝树的用户们都能在育儿和家庭生活的过程中，获得自身的成长，留住时光，享受时光。这也是宝宝树作为一家互联网公司要策划一系列纸质出版物的初衷，今后我们将会不断挖掘有潜力的达人作者，给予更多帮助，一起去传递热爱生活、记录成长的家庭观。

能抵御岁月寒苦的，唯有时光。对于宝宝树而言，承载着一代中国年轻父母的育儿记忆，承载着最纯粹的爱的源头，是我们的荣幸与使命。

2016 年 10 月 10 日

为爱下厨房

　　儿时的记忆里，我的姥姥，一个普普通通的老太太，会用一双巧手将家里为数不多的食材变换口味，做成诱人的美食，好比将年糕剪成刺猬、葡萄，将白糖、花生碎和黑芝麻做成脆脆的糖块，将新下的豇豆洗净沥水腌制成黄亮亮的酸豇豆等等。那时，过节回到大山脚下的姥姥家是一种期待和向往，特别是姥姥家的一个木头箱子里，总会存着很多她自己做的美食小点心，那都是为了我回去而备下的。从那时起，我就对美食有一种莫名的喜爱，并且有一种渴望自己做美食的愿望。

　　等到自己结婚生子，我就开始一头扎进厨房，对着锅碗瓢盆使劲折腾。从一开始做馒头硬邦邦，炒菜半生不熟，到后来不断练习，看到一样食材就能轻松想到各种制作方法和技巧，这其实就是一个慢慢熟练的过程。

　　一日三餐对于我是一种不同寻常的体验和乐趣，换着花样来充实餐桌食谱也是一种生活情趣。家人受益，我也开心。老公经常说不喜欢在外面吃饭，所以如需应酬饭局，他都会吃个半饱，留着肚子回家央求我再给他做点吃的。老公说就是一碗方便面，我煮出来也能让人感受到满满的诚意。

儿子小时候更是误以为我的职业就是厨师，有一次在超市竟然对一位面包师介绍我说："你知道吗，我妈妈是一个高级厨师。"那口气无比骄傲，哈哈。直到后来上学了，他才明白我的职业跟做饭没有半点关系。但是有时候，连我妈妈都说我当初是不是选错了专业，应该一开始就去当一名厨师。

但我却不这么想，无论我工作是否与美食相关，我都有一颗热爱美食的心。食物不仅仅是为了饱腹，还应该能够愉悦自己的心情。看到家人吃得健康，吃得开心，我就觉得在厨房哪怕一站好几个小时都是值得的。

如今我已是两个孩子的妈妈，无论是婴儿辅食还是儿童餐，我都需要从营养角度来用心制作。特别是儿子喜欢速滑，平时他会进行大量的体育锻炼和专业训练，坚持到现在已经5年了。5年中，他从一个比赛打酱油的小选手到现在能够征战各种大型比赛，也取得了不错的成绩。17块金牌、11块银牌和6块铜牌等等的战绩让他对自己所坚持的爱好充满了信心，并且也乐在其中。所以，饮食上我必须要跟进，不管是营养上、口味上还是外观上我都要下足功夫，让他能够吃香香。

现在，儿子已经 9 岁了，很多时候他都会帮我一起制作美食。别看他小，做起事情来也是有板有眼、有模有样的。当他妹妹还在我肚子里的时候，因为不能过于用力操作面团，所以做面包揉面的力气活都是他来帮我完成，从和面到揉面和摔面直至出模，人家像模像样地只花了 18 分钟就完成了。小小的他还能拿着擀面杖学着我的模样跟我一起做栗子面小窝头，外形先不说，单说那埋头苦干的模样就很值得表扬了。如今他已经成为了我的得力小助手，陪我一起选食材买菜，跟我一起下厨房做饭，甚至还会陪我一起参加美食比赛，给我助威加油。他就是我的贴心小男神！

我的女儿也渐渐长大，1 岁半的她也开始品尝妈妈做的蛋糕，如果尝出滋味了，就会追着我不放，吃了还想吃。小家伙经常喜欢出入我的工作室，搬个小板凳在一旁坐着看我做各种美食，还会忍不住伸手去够桌台上我做好的东西。小家伙将来也会是我的贴心小棉袄，只要她喜欢，我一定会将我所学的经验传授给她，让她成为一个爱美食、爱生活的巧手姑娘。

"做有诚意的美食"一直是我对于美食的追求。我很希望通过这本书，跟大家一起分享我的美食生活，还有我和孩子之间的美食趣事。一个普通的元宵可以因为儿子喜欢的电视剧《西游记》里的人物形象而变成活泼可爱的小猴元宵；一个其貌不扬的鸡翅中也能三下五除二成功变形成貌似锤子的黄金锤；就连冰激凌也可以秒变棒棒糖。孩子的世界充满了无穷的幻想，美食的世界也同样精彩。我和孩子们在这个快乐的美食乐园等你一起来玩哦！

2016 年 10 月 5 日

目 录

主食餐桌

美味菜肴

小吃乐园

主食餐桌

宝贝爱吃 **1**

　　儿子最不爱吃的就是海鲜，但是生活中怎可少得了高蛋白的海鲜呢？这不，刚买到一包特别新鲜的南美白虾仁，就想着怎么样做才能让儿子吃进去，并且是高兴地吃掉它，想来想去就想到了他最喜欢的蛋炒饭了。

　　做法是超级简单的，就是将虾仁放到蛋炒饭里一起炒熟就行。逗逗一闻到炒饭香味，马上跑进厨房。

　　"妈妈是不是做蛋炒饭了？"

　　"你这小鼻子还真灵。"

　　"那是，我是谁啊，我是大厨的儿子嘛，鼻子灵得很。"

　　炒饭一出锅，逗逗就赶紧盛了一大碗美美地吃起来。看来这招对付挑食的他奏效了，嘿嘿。

虾仁鲜蔬蛋炒饭

"妈妈是不是做蛋炒饭了？"

"你这小鼻子还真灵。"

"那是，我是谁啊，我是大厨的儿子嘛，鼻子灵得很。"

制作材料

主料： 米饭 1 碗，南美白虾仁 300 克，鸡蛋 1 个，豌豆 40 克，胡萝卜半根，彩椒 1 个

辅料： 柠檬 1 个，色拉油适量

调料： 盐 1 小勺，大葱半根，小葱 2 根，黑胡椒粉少许

制作步骤

1. 将所有食材洗净切好备用。

2. 虾仁去线后，挤入少许柠檬汁拌匀备用。

3. 锅中倒入油，油热后放入大葱段爆炒出香味。

4. 将虾仁倒入锅中翻炒变色出锅备用。

5. 锅中倒入少许油，油热后倒入打散的鸡蛋炒熟出锅备用。

6. 锅中接着加入少许油，将胡萝卜豌豆倒入其中翻炒至八分熟。

7. 倒入米饭炒散。

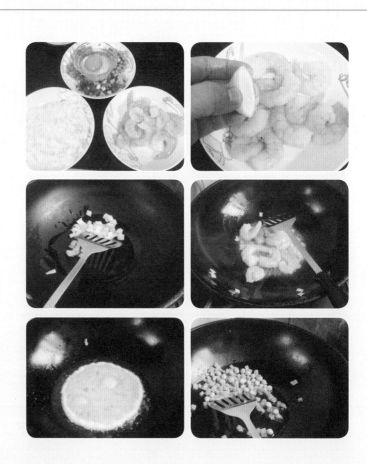

8. 倒入鸡蛋和虾仁，加入黑胡椒粉、盐、小葱和彩椒翻炒入味就可出锅。

9. 香喷喷的虾仁鲜蔬蛋炒饭就这样完成了。

Tips

① 虾仁要先去掉虾线再操作。

② 虾炒的时间不能太长，不然肉质会很老，口感不好。

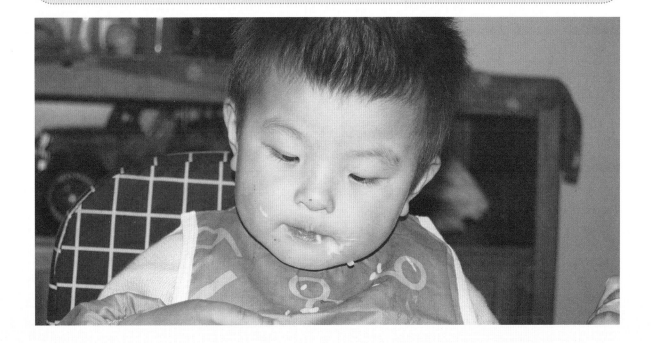

宝贝爱吃 2

国庆长假家人计划出游，因为二宝还小所以就挑选了京郊游玩，目的地就是怀柔。来到一处农家院外，我们打算采摘些应季水果，无意中看到一个摆摊的地方有些干货。姥姥很有兴致地挑选起来。大宝带着二宝在一旁玩耍。一会儿二宝一路小跑地奔着姥姥这里来了，看什么都很新鲜，小手指着一篮子红豆就咿咿呀呀说起来了。姥姥问："你想吃这个呀？"二宝笑了。于是姥姥买了两斤红豆。

第二天游玩好了，水足饭饱，我们就打道回府了。回到家姥姥说想试试这个红豆如何。于是问大宝想怎么吃，大宝毫不犹豫就说："红豆饭。"姥姥就将红豆洗干净泡上了。

光有饭不行啊，还得来些菜才好。二宝特别喜欢吃胡萝卜，蒸着吃或者跟苹果一起打果汁喝都很喜欢，所以今天中午我就想着用胡萝卜做一顿饭菜给她吃。这不，怕她不好消化，我就将几种蔬菜打成泥然后熬煮成汤来搭配油亮亮的红豆饭一起吃，既营养又美味。

别说，新鲜的红豆就是不一样，焖出来的米饭油亮油亮的，那叫一个香啊。看着两个孩子吃得美美的，我甜到心里啦。

番茄胡萝卜汤配红豆饭

二宝特别喜欢吃胡萝卜，蒸着吃或者跟苹果一起打果汁喝都很喜欢，所以今天中午我就想着用胡萝卜做一顿饭菜给她吃。这不，怕她不好消化，我就将几种蔬菜打成泥然后熬煮成汤来搭配油亮亮的红豆饭一起吃，既营养又美味。

制作材料

主料： 大米 500 克，红豆 200 克，胡萝卜 1 根，番茄 400 克

辅料： 色拉油适量

调料： 白糖 20 克，盐 3 克

制作步骤

1. 材料洗净称重备用。

2. 红豆提前一天浸泡好。

3. 将红豆和大米放入压力锅中做成红豆饭。

4. 胡萝卜切片。

5. 将番茄切丁。

6. 玻璃杯中加入糖。

7. 倒入番茄。

8. 搅拌器启动 2 档 1 分钟打成细腻的泥状，即成自制的番茄酱。

9. 锅中倒入适量色拉油。

10. 将番茄酱倒入锅中加入盐大火煮沸。

11. 加入胡萝卜煮熟，出锅后淋在红豆饭上即可食用。

Tips

① 红豆需要提前浸泡，先用压力煲压至八成熟，然后加入白米一起焖饭。

② 胡萝卜挑选顶部有橙黄色芯子的那种，味道很甜，煮出来的汤也很甜。

宝贝爱吃 3

儿子之前追《爸爸去哪儿》，后来又追《爸爸回来了》，里面的小甜馨美美地吃着手抓饭，儿子看着可眼馋了，一个劲儿跟我说："妈妈，我也要吃手抓饭。"这不，我一看家里材料捉襟见肘，于是好言相劝，告诉他周末一定给他做。

说做就做，周末一大早我就带着他去了超市，买回来各种需要的食材。眼见着东西买回家了，儿子就迫不及待地在厨房转悠，跟前跟后地看着我忙活。凭着那股子高兴劲儿，儿子居然自觉动手帮我洗菜打下手了，那我也不客气了，正好锻炼一下他的生活能力，就给他一个大盆，让他打水坐在小板凳上挨个清洗胡萝卜、洋葱。还教他如何淘洗大米。别看他平时淘气得没边儿，干起活来真不含糊，很像样，看来以后又多一个小助手了。

当手抓饭做好的那一刻，满屋飘香，没打开锅盖就能闻到香味了。儿子想抓着吃，所以我就满足了他的愿望，让他带上塑料食品手套，等饭不烫手了，着实过了把瘾，美美地吃了两碗饭；也因为是自己的劳动成果，所以吃得格外香。

新疆羊排手抓饭

　　凭着那股子高兴劲儿，儿子居然自觉动手帮我洗菜打下手了，那我也不客气了，正好锻炼一下他的生活能力，就给他一个大盆，让他打水坐在小板凳上挨个清洗胡萝卜、洋葱。还教他如何淘洗大米。别看他平时淘气得没边儿，干起活来真不含糊，很像样，看来以后又多一个小助手了。

制作材料

主料： 大米 500 克，羊排 500 克，洋葱 1 个，胡萝卜 1 根

辅料： 山楂 6 克，葡萄干适量，水适量

调料： 盐 3 克，酱油 2 勺，胡椒粉 1 勺

制作步骤

1. 大米用水浸泡 3 小时。

2. 胡萝卜切块、洋葱切丝、葡萄干洗净备用。

3. 锅中加入水，放入羊排煮沸去掉血沫。

4. 羊排盛出，羊汤留下备用。

5. 锅中倒入油，加入一半洋葱炒香。

6. 加入羊排炒至表面金黄。

7. 加入羊汤和调味料一起煮。

8. 加入山楂一起煮。

9. 盖上锅盖小火慢炖 30 分钟。

10. 加入胡萝卜和洋葱继续煮 10 分钟。

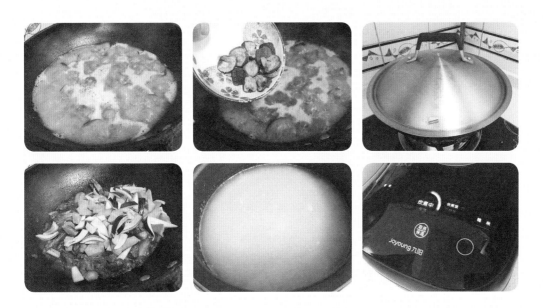

11. 将锅里的羊排、菜和羊汤全部倒入压力锅中，再加入大米。

12. 加入少量水，铺上葡萄干。选择煮饭功能，轻松搞定。

Tips

① 购买羊排最好选择小羊排，肉质更嫩。

② 炖肉里加入山楂片可以让肉更容易熟烂。

③ 葡萄干最后摆放在最上面即可。

宝贝爱吃 4

　　板栗炖鸡是我老家的一道经典佳肴。我姥姥家就在罗田，这个地方盛产板栗。每年的10月份，我们都会回到姥姥家，孩子们聚在家门前的那棵硕大的板栗树下，等着看大人们将板栗敲打下来，然后冲上去哄抢熟透的板栗。当然是不能用手直接拿的，必须用簸箕来装。当大家将所有的板栗球聚集到一块空地上，大人们就开始用工具给这些浑身像刺猬一样的板栗球去掉外壳了。

　　记得儿子第一次去太姥姥家是他两岁时，当他看到一颗颗板栗从带刺的外衣里蹦出来时，惊喜地指着地上的板栗喊着："妈妈你看，刺猬生宝宝了。"大家不禁大笑起来，告诉他这不是刺猬宝宝，这是板栗。他似懂非懂地捡起一颗板栗左看右看，端详了半天。中午饭时，太姥姥将一大盆热气腾腾的板栗炖鸡汤端上桌后，儿子喝了一口汤，赞叹道："好甜啊，太姥姥是不是往汤里放了很多糖啊？"太姥姥笑着答道："没有啊，这就是板栗自己的甜味，煮到了汤里，所以汤也变甜了。"从此逗逗就爱上了吃板栗。

　　后来回到北京，秋冬时节儿子也能在一些卖干货的摊点看到炒板栗，他兴奋地说："我知道板栗怎么来的，是从树上的刺猬球里蹦出来的。"孩子的世界就是这样纯真可爱。

板栗鸭汤水面

鸭汤还有祛火的作用，所以在北方秋天天气干燥的情况下，多喝鸭汤还是很好的。板栗更不用说了，补肾的佳品，冬天适量吃板栗对身体是很有好处的。周末来这样一碗热气腾腾的板栗鸭汤水面，既能饱腹也能补充能量，你也试试吧。

这次我将土鸡换成了土鸭。有人会说鸭子皮下油脂太多了，吃起来腻，我做鸭汤的方法很简单，就是先将鸭肉炒香，将鸭肉的油都煸炒出来，多余的鸭油可以做烙饼，非常地香。剩下的鸭块炖汤就一点也不油腻了。鸭汤还有祛火的作用，所以在北方秋天天气干燥的情况下，多喝鸭汤还是很好的。板栗更不用说了，补肾的佳品，冬天适量吃板栗对身体是很有好处的。周末来这样一碗热气腾腾的板栗鸭汤水面，既能饱腹也能补充能量，你也试试吧。

制作材料

鸭汤：鸭子 1 只，板栗 250 克，生姜几片，小葱 2 根，盐 2 小勺，色拉油 1 小勺

面团：面粉 500 克，鸡蛋 1 个，水 280 克，盐 1 克

制作步骤

1. 板栗煮水约 5 分钟，然后放凉了剥壳去皮备用。

2. 锅中倒入少许色拉油，将生姜放入其中，倒入切好的鸭块翻炒，当看到出来很多油，闻到香味即可关火。

3. 将鸭块盛出来备用，剩余的鸭油过筛取出杂质后，可以放入冰箱冷藏，鸭油烙饼非常地香。

4. 电压力锅里放入适量的水，然后将鸭块倒入其中，启动煲汤程序。

5. 程序完成后加入板栗，再次启动煲汤程序，这次压力和时间可以减少和缩短。

6. 将面粉、水和鸡蛋倒入面条机中，启动程序，制作出面条。

7. 面条用水煮熟捞出。

8. 将煮好的鸭汤倒入放面条的碗中，加入鸭肉和板栗，撒上小葱花即可食用。

Tips

　　在制作肉汤时，为了减少油腻的口感，除了先将肉爆炒出油之外还有一个小妙招。我通常都会先将肉炖好，待汤放凉后放入冰箱2小时，汤面上就会形成厚厚的一层油皮，端出来用铲子将油皮去掉，剩下的汤就可以用来炖煮各种食材了。油也不要浪费，可以用来制作烙饼，非常香。

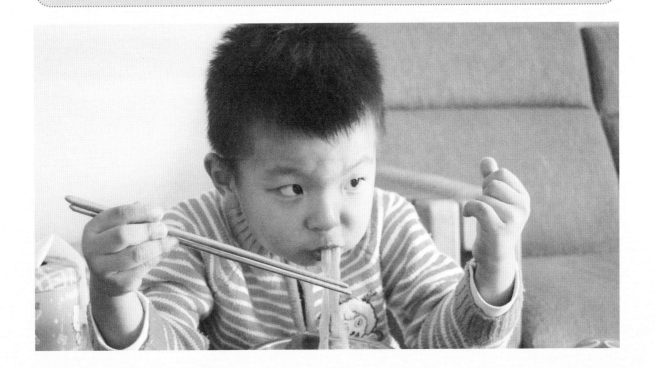

宝贝爱吃 5

　　"随风而动，随心而止。"这是逗妈很喜欢的一部影片《夏洛的网》的结尾旁白。这句话一直深深地记在了心里，时常想起。也许随着年龄的增长，人会慢慢懂得怀旧，学会珍惜。想想自己年少轻狂时，总是盼望能够离开家乡，去陌生的世界闯荡，也没有什么目标，就是为了离开已经习惯的一切，重新开始，尝试不同的新鲜事物，看看不一样的世界。所以，大学毕业后就义无反顾地离开家乡来到了北京。时隔八年，如今不知何故，时常想起家乡，想起那些过往的人和事，想起一起玩耍的小朋友，想起朝夕相处寒窗苦读的同学，想起小时候生活的大院，想起大院外摆摊的各式早点，想起那个无数次和妈妈一起逛的菜市场……一切都是那么地熟悉和亲切。

　　我和老公是大学同班同学。身为北方人的老公很喜欢吃面，学校北门外的一家早餐摊每天都会定点卖热干面，我老公自此就爱上了热干面。后来参加工作来北京安家了，他仍然念念不忘那个味道。于是我萌发了自己在家做热干面的念头。说做就做，搜集了各种资料，确定了配料比例和制作方法后，这天晚上，逗妈就开始动手做了起来。逗姥姥尝过后感叹说："很到位啊！"老公也说吃到了大学时候的味道。逗妈很

地道的武汉热干面

说做就做，搜集了各种资料，确定了配料比例和制作方法后，这天晚上，逗妈就开始动手做了起来。逗姥姥尝过后感叹说："很到位啊！"老公也说吃到了大学时候的味道。逗妈很开心，以后就能在家吃到自己做的热干面了，不用为了这个味道到处跑了。

开心，以后就能在家吃到自己做的热干面了，不用为了这个味道到处跑了。如果你也是地道的湖北人，如果你身在外地，如果你也喜欢家乡的味道，那就和我一起动手做这道标志性的地方美食吧！

制作材料

面团材料： 面粉 400 克，碱面 4 克，清水 200 克，盐 1 克，鸡蛋 1 个

配料： 酸豇豆 50 克，辣萝卜 15 克，盐 3 克，醋 1 小勺，酱油 1 小勺，芝麻酱 1 大勺，香油几滴

制作步骤

1. 将碱面用温水化开。

2. 将面粉、水、盐和鸡蛋放入面条机中启动程序制作面条。

3. 锅中水沸后下面条。

4. 面条煮至八成熟就捞出放案板上拌油晾凉风干。

5. 在面条上倒油，用筷子挑开，使面条均匀地过上油，防止粘连。想吃的时候就烧水，水沸下面，烫几下就捞出来倒入碗中。

6. 调配酱料，先将芝麻酱用香油解开。

7. 少许盐、醋、酱油混合。

8. 最后就是将自己家腌制的酸豇豆、辣萝卜切小丁，将配料倒入焯好的热干面里快速拌匀即可食用。

Tips

① 热干面其实就是一种碱面，因此加入碱很重要，加多加少都不好，最合适的比例就是碱面占面粉重量的 1%。

② 面条下水煮时间不能太久，煮个八成熟就可以了，不然捞起来拌油时很容易断。

宝贝爱吃 6

某天，逗逗听到广播里说："让我们来一场说走就走的旅行吧！"逗逗就好奇地问："妈妈，什么叫说走就走的旅行，是走着玩的意思吗？""说走就走的意思就是不去早早地计划好去哪里玩，而是突然想到一个地方特别特别想去，于是打包行李就出发的意思。""妈妈，我也想有这种旅行。""好啊，马上就十一了，咱们选一个地方，过节就走。"

于是，我跟逗爸商量了一下，选择去云南丽江古镇。说走就走，订好了机票和住宿，收拾行李箱，我们十一就出发了。来到这里的第一天，午餐不知道吃什么，逗爸就提议吃云南过桥米线，这应该是这里的特色美食了。于是逗爸网上搜了一家口碑不错的，我们一行三人徒步过去了。经历了排队等位的煎熬后，终于吃到了一碗热气腾腾的米线，逗逗很是满足地说："妈妈，这里的米线跟咱们在北京吃的不一样啊，还是这个好吃。"

回到北京，逗逗还对那个过桥米线念念不忘，于是我就自己去超市买了包米线，回家尝试自己熬煮高汤来做米线吃。没想到效果还不错，逗逗高兴地说："以后不去云南也能在家吃到好吃的米线咯！"

云南过桥米线

经历了排队等位的煎熬后，终于吃到了一碗热气腾腾的米线，逗逗很是满足地说："妈妈，这里的米线跟咱们在北京吃的不一样啊，还是这个好吃。"

回到北京，逗逗还对那个过桥米线念念不忘，于是我就自己去超市买了包米线，回家尝试自己熬煮高汤来做米线吃。没想到效果还不错，逗逗高兴地说："以后不去云南也能在家吃到好吃的米线咯！"

制作材料

主料： 米线 1 包，小油菜 3 棵，排骨 1 千克，干笋 200 克

调料： 盐 1 小勺，生姜 1 个，小葱 1 根

制作步骤

1. 米线放入盆中用水浸泡半天，干笋泡水隔夜再用。

2. 排骨洗净入锅加水煮至沸腾关火，去掉血沫。

3. 排骨倒入压力锅中，加入适量的水还有浸泡过的笋干，放入生姜片、盐一起压制。

4. 锅中加入水烧开后，下入泡好的米线，煮至没有硬芯捞出。

5. 小油菜洗净，打焯后捞出备用。

6. 小葱切碎备用。

7. 压力锅中刚煮好的高汤倒入米线中。

8. 放入排骨和笋，撒上切好的葱花即可食用。

Tips

① 这里我用的高汤是排骨汤，你也可以根据需要来炖煮鸡汤、牛肉汤等你喜欢的品种，其中可以放入的菜也有很多选择，豆芽、小油菜、生菜等等。

② 也可以选择鱼片等生鲜食品，在沸腾的高汤倒入米线中后，将生鱼片下入汤中，盖上盖，用高温焖烫熟了吃。

宝贝爱吃 7

　　有一阵子麦当劳里出了一款糖霜油条，逗逗很喜欢吃，经常要求我去买这个油条。但是外面的油炸食品总让人担心不健康，一是怕油有问题，二是担心那些膨大剂对身体不好，所以，我下定决心自己学着做。

　　我用酵母粉代替泡打粉进行发酵，并且用牛奶代替水来和面，可以让油条有股奶香味，孩子更爱吃。当然，为了迎合孩子的口味，还可以将做好的油条在糖粉里打个滚，这就成了糖霜油条，味道那是"杠杠滴"。

　　这不，我周末实践了一次，按照平时看到外面小摊做油条的方法来进行最后的整形操作。当逗逗看到油条下锅突然膨胀变成大胖子时，高兴地喊着："以后我就可以经常吃到炸油条咯。"哈哈，看着一根根炸好的油条出锅，我也很有成就感哦。

自制健康炸油条

外面的油炸食品总让人担心不健康，一是怕油有问题，二是担心那些膨大剂对身体不好，所以，我下定决心自己学着做。

我用酵母粉代替泡打粉进行发酵，并且用牛奶代替水来和面，可以让油条有股奶香味，孩子更爱吃。当然，为了迎合孩子的口味，还可以将做好的油条在糖粉里打个滚，这就成了糖霜油条，味道那是"杠杠滴"。

制作材料

主料：中筋粉 300 克，牛奶 180 克

辅料：酵母粉 3 克，碱面 1/2 小勺

调料：盐 3 克，糖 10 克

制作步骤

1. 将除碱面以外的所有材料混合揉成面团，并发酵至两倍大。时间紧时我都是头天晚上和面放冰箱冷藏发酵，第二天早上拿出来就行。

2. 碱加水稀释开揉入面团松弛 15 分钟。

3. 将面团擀成 5 厘米宽的长条。

4. 切成 2 厘米长的小条，两条叠加用筷子在正中间压出印记。

5. 油热下锅炸至金黄出锅。

Tips

　　很多上班族妈妈为了家人吃得健康很希望能够自己在家做早餐，但每天早晨时间又很紧张，所以对于选择什么样式的早餐，如何制作快手早餐很是头疼。今天带给大家的这道美食其实非常简单，你只需要做好两样：

　　① 头一天晚上将豆子洗干净放入豆浆机里，加入适量的水，选择好预约程序，这样早晨起床后豆浆就做好了。

　　② 头一天晚上将面团揉好放入冰箱冷藏发酵，不要担心会发过，只要第二天早晨加入碱面揉匀，就能中和酸味，并且加入碱面后面团的膨胀能力更强了，只要松弛15分钟，就可以开始切块整形下锅炸油条了。当然如果你周末在家时间充足可以现揉面团等待发酵完成，不用担心发酵过头，但这个时候你也可以选择加入碱。碱不仅可以中和酸味，还能提升风味，让你吃到小时候的那种感觉。这样一道专属于中国人的经典早晨搭配——油条豆浆就轻松完成了。

宝贝爱吃 8

　　说起花卷，记忆中最深刻的就是小时候每天上学前去父母单位食堂拿饭票买的那个葱油花卷，质朴的面味混合着葱油香让那时的我觉得这就是人间美味了，每天早上两个花卷就是我的美味早餐。

　　现在大家生活水平高了，花卷也是换着样地做，网上有很多的花卷做法可供参考。最近我们家餐桌上的常客就是麻酱花卷。其实做这个麻酱花卷纯属偶然。

　　一次上街买东西，看到一个不大的店铺前面排了长长的队伍，逗逗好奇地跑过去问一个叔叔："叔叔，叔叔，你们在排队买什么啊？""麻酱花卷啊。"逗逗又转身跑到我面前说："妈妈，我也想吃麻酱花卷，这么多人排队肯定好好吃的。""那好吧，妈妈也去排队买。"于是在排队等候了20多分钟后，我们终于买到了两个大大的麻酱花卷。吃起来微微甜，吃到口里还咯吱咯吱的，别说，味道还真挺不错。

　　既然是儿子喜欢的，那我也不能客气啦，必须好好品尝，好好琢磨一下，争取回家也能做出这个味道来。内馅有芝麻酱这个毋庸置疑了，看颜色一定是有红糖了，咯吱咯吱的口感那一定是还有大颗粒的白糖了，至于不那么甜，一定是红糖

麻酱花卷

内馅有芝麻酱这个毋庸置疑了，看颜色一定是有红糖了，咯吱咯吱的口感那一定是还有大颗粒的白糖了，至于不那么甜，一定是红糖多，白糖少的缘故。嘿嘿，就这么定了，回家揉面开工！晚上一锅香喷喷的麻酱花卷新鲜出炉了。

多、白糖少的缘故。嘿嘿，就这么定了，回家揉面开工！晚上一锅香喷喷的麻酱花卷新鲜出炉了。儿子玩得满头大汗地回了家，进门就是一句："妈妈，我饿。""赶紧洗手来吃饭。"我喊了一嗓子。

当儿子看到花卷时，脸上乐开了花，就着大米粥和蔬菜，啃着香喷喷的麻酱花卷，这晚饭做得很成功。

制作材料

（10 个花卷）

面团材料： 面粉 300 克，水 150 克，盐 3 克，酵母粉 4 克

内馅材料： 黑芝麻酱（芝麻酱）1 大勺，红糖 20 克，白糖 15 克，香油几滴

制作步骤

1. 将面团材料混合后揉匀成光滑的面团后进行发酵。

2. 将芝麻酱（可以是芝麻酱，也可以是黑芝麻酱）用香油解开，并加入红糖拌匀做成麻酱。

3. 将面团擀开厚约 3 毫米。

4. 上面抹上调好的麻酱。

5. 然后接着在上面撒上白糖。

6. 从长边的一头卷起，收口捏紧朝下放置。

7. 将面团分成等分的小剂子。

8. 两份一重叠，用筷子从中间压下去。

9. 冷水上锅，上汽后蒸 12 分钟，关火焖 1 分钟出锅即可。

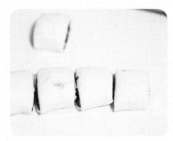

Tips

① 麻酱使用时一定要先用油或者热水解开，不然太稠了，不好做馅。

② 面团擀开时不要太厚，否则蒸出来后层次不漂亮。

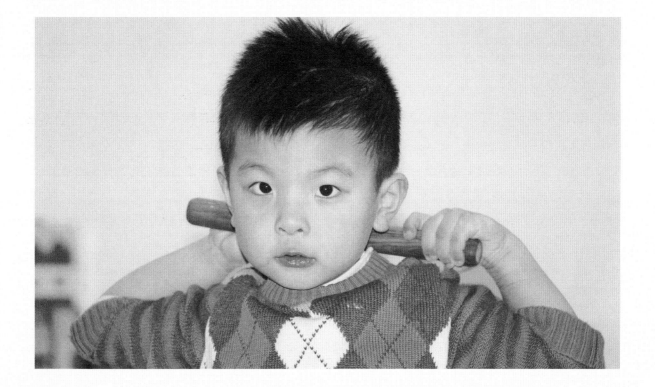

宝贝爱吃 9

　　儿子第一次来我单位是一个我值班的周末。早上儿子就很乖，自己带着玩具和故事书过来陪着我在值班室值班。我负责接听电话记录事情，然后安排工作；工作之余就给儿子读故事。快到中午饭时间了，我让儿子帮我听着电话，我去食堂打饭菜，因为拿不准食堂的饭菜他爱吃哪种，所以每样少拿了一点。

　　因为是周末，所以食堂的菜不会像平时工作日那么多样，除了米饭我额外拿了两张烙饼当主食，他一张我一张。他咬了一口烙饼就很高兴地告诉我说："妈妈，这个很好吃呀。"然后埋头认真吃起来，不一会儿就自己就着菜吃完了两张烙饼，还一副意犹未尽的样子。

　　晚上回到家，他依旧兴致勃勃地跟姥姥讲述他在食堂吃烙饼的事情，说得那个兴奋啊，好像烙饼是世间美味一样。后来他又经常提出要吃烙饼，我也因此又需要多学一门手艺了。

　　经过了几番学习和尝试之后，这款脆皮千层椒盐饼就成了我家餐桌的常客了。好的千层饼既要表皮掉渣，还要内里层次分明，这就需要层层叠叠的操作，每次操作都要等到面团松弛才行，因此，你需要足够的耐心。这款烙饼混合了椒盐的香味，清淡爽口，一口下去，外皮脆得直往下掉渣，你也会喜欢的。

脆皮千层椒盐饼

因为是周末，所以食堂的菜不会像平时工作日那么多样，除了米饭我额外拿了两张烙饼当主食，他一张我一张。他咬了一口烙饼就很高兴地告诉我说："妈妈，这个很好吃呀。"然后埋头认真吃起来，不一会儿就自己就着菜吃完了两张烙饼，还一副意犹未尽的样子。

制作材料

（1 张大饼）

主料： 普通面粉 300 克，温水 190 克

辅料： 色拉油 1 大勺

调料： 椒盐 1 小勺，香油 1 小勺，盐 1 小勺

制作步骤

1. 将面粉和盐加入温水用筷子搅拌至无明粉后，改用手揉成团即可，此过程 2 分钟。

2. 盖上保鲜膜松弛 10 分钟。

3. 将面团继续揉几下，面团粗糙的表皮立即就变得非常光滑。

4. 将面团分成两份，盖上保鲜膜松弛 10 分钟。

5. 将面团擀开成长方形。

6. 抹上色拉油，均匀地撒上椒盐。

7. 将短边的两端向中间折起各 1/4 的长度，接口处捏紧。

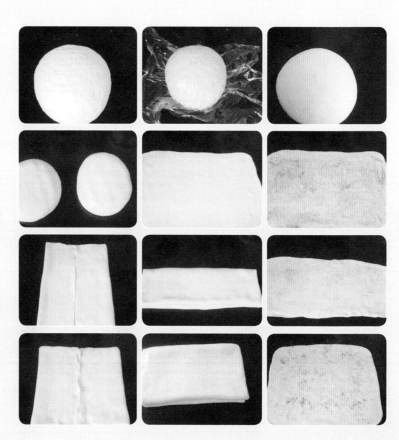

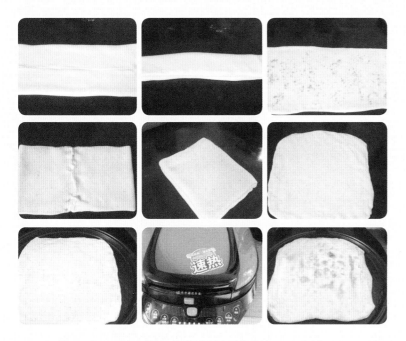

14. 然后对折，盖上抹了少许油的保鲜膜静置 5 分钟。

15. 最后一次将面团擀开成长方形，抹上香油，撒上椒盐。

16. 将短边的两端向中间折起各 1/4 的长度，接口处捏紧。

17. 然后对折，盖上抹了少许油的保鲜膜静置 5 分钟。

18. 将面饼擀薄、擀开，然后盖上保鲜膜静置 10 分钟。

19. 面饼静置的时候将电饼铛插上电源，抹好油，预热好。

20. 将饼坯放入电饼铛中，盖上盖子开始加热。

21. 待烙饼程序完成后，开盖，将饼翻个面，接着继续加热一分钟即可出锅了。

22. 出锅后，将饼轻轻摔在案板上，然后切开放至不烫即可食用。

8. 然后对折，盖上抹了少许油的保鲜膜静置 5 分钟。

9. 将面团再次擀开成长方形，抹上色拉油，撒上椒盐。

10. 将短边的两端向中间折起各 1/4 的长度，接口处捏紧。

11. 然后对折，盖上抹了少许油的保鲜膜静置 5 分钟。

12. 将面团第三次擀开成长方形，抹上色拉油，撒上椒盐。

13. 将短边的两端向中间折起各 1/4 的长度，接口处捏紧。

Tips

1. 烙饼和面我用的水粉比例一般为 3：5。可以先用一半的响水和面，然后加入另一半冷水，也可以直接用温水和面，看个人操作习惯来定。

2. 有的朋友对于揉面比较头疼，其实做饼和面一开始只需要稍微揉成团即可，这时的饼表皮粗糙，坑洼不平，不过没关系，盖上保鲜膜静置 10 分钟，然后再揉就非常轻松地能将面团几下就揉得非常光滑了。

3. 这款烙饼采用了四次四折的方式来完成，每一次折叠后，都需要松弛一下，才能进行下一次的操作，不然面团上劲了很难擀开，强行擀开会导致面皮的破裂。盖面饼的保鲜膜最好内侧抹上色拉油，这样不会粘连面团的表皮，还可以帮助锁住水分。

4. 最后整形好的饼坯子，不要着急就放入电饼铛里烙饼，最好擀开后盖上保鲜膜松弛 10 分钟，再放进去。一个程序之后打开盖子，你会发现，饼"鼓肚子"了，说明内外都均匀受热了，然后翻个身接着烙 1 分钟就可以出锅了。

5. 出锅后将饼轻轻摔在案板上，是为了让多余的热气出来，让饼更加暄腾。

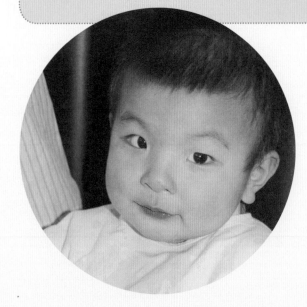

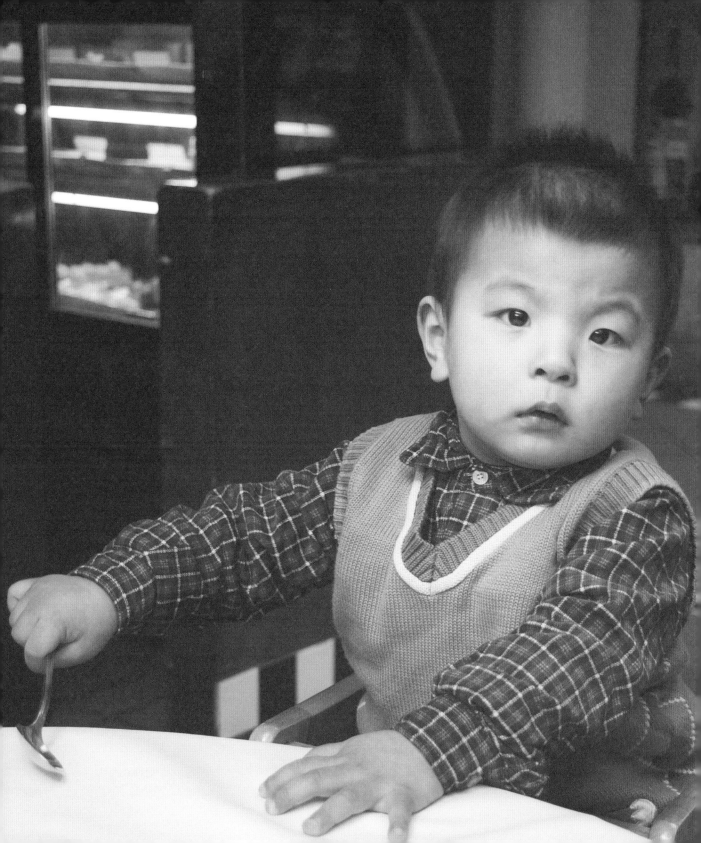

宝贝爱吃 10

　　小的时候，经常会在上学的路上找一家早餐摊，坐下来，点上一碗热豆浆，要上一份炸油饼，配上一碟小咸菜，吃得很香，偶尔也会点上一根油条，将油条用手撕成几段，放入豆浆中泡着吃，那味道也是美滋滋的。喝豆浆，吃油饼，成为了小时候早餐记忆的美好片段。

　　周五晚上儿子就喊着要吃油饼，还跟我说："妈妈，我们幼儿园的油饼可好吃了，可是一周只做一次，我真想天天都能吃到油饼啊。""油饼是油炸食品，容易上火，再好吃也不能天天吃啊，不过妈妈会让你解解馋。周末妈妈就在家给你炸油饼好吗？""真的吗，像幼儿园那样的大油饼吗？""必须啊，放心吧，妈妈什么时候让你失望过。""嗯嗯，那倒是，妈妈最最厉害了。"

　　周末的早上，香喷喷的炸油饼，配上豆浆机磨制的紫薯豆浆，一顿营养丰富、香喷喷的早餐就搞定了。你也试试吧！

香脆可口的炸油饼

周五晚上儿子就喊着要吃油饼，还跟我说："妈妈，我们幼儿园的油饼可好吃了，可是一周只做一次，我真想天天都能吃到油饼啊。""油饼是油炸食品，容易上火，再好吃也不能天天吃啊，不过妈妈会让你解解馋。周末妈妈就在家给你炸油饼好吗？""真的吗，像幼儿园那样的大油饼吗？""必须啊，放心吧，妈妈什么时候让你失望过。""嗯嗯，那倒是，妈妈最最厉害了。"

制作材料

（20 个油饼）

材料：面粉 300 克，酵母粉 3 克，碱面 3 克，盐 2 克，水 185 克，食用油适量

制作步骤

1. 将面粉、酵母粉、盐和水混合均匀揉成光滑的面团，盖上保鲜膜进行第一次发酵，发至 1.5 倍大时揉入碱面继续发酵。

2. 将发酵好的面团从面盆里拿出来，分成若干份（我做了几个小油饼，两个大油饼）。

3. 将面团放在抹油的案板上，用擀面杖擀开，如果你喜欢薄脆的油饼可以擀成 1 毫米厚，如果你喜欢肉乎乎的油饼可以擀成 2 毫米，饼坯的中间用刀划开两道。

4. 将油饼面坯放入抹了一层薄油的空气炸锅中，温度 180℃，时间 3 分钟。

5. 出锅后降温即可食用。

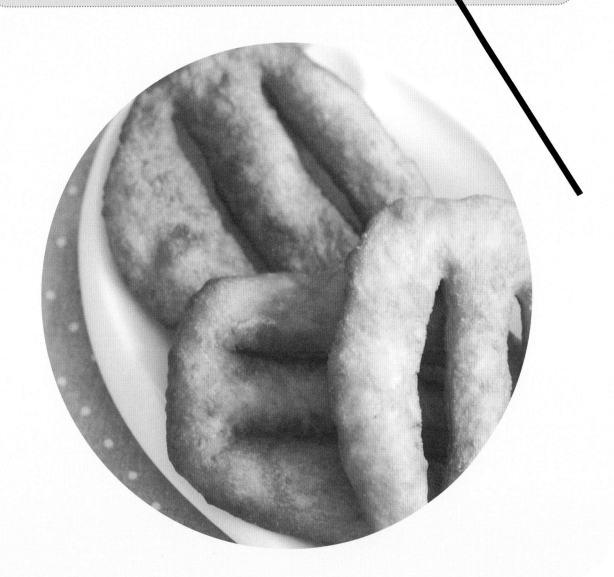

Tips

① 碱面既可以中和酸味，还能降低人体的酸度，又可以改善口感，但一定要揉匀。

② 最后切块整形之前一定要足够地松弛，这样饼坯入锅后即会立即膨胀很大。

宝贝爱吃 11

又到了周末餐桌命题时间。当问到逗逗想吃什么时，他毫不犹豫地说："红糖麻酱饼，我们幼儿园做得可好吃了。"看他说话的模样仿佛这就是世间最美最美的美味了。好吧，那我也要搞个明白到底什么样的饼让他如此着迷。

"儿子，那个饼厚不厚？"

"不厚呀，挺薄的，但是有好几层呢。"

"那饼吃着是不是外面很脆，里面很软？"

"对呀，你怎么知道？"

"你之前最喜欢的烙饼不就是这样的吗？"

"嗯嗯，对呀！但是这个饼听说里面是红糖和麻酱，之前那个饼啥也没有。"

"那我明白了，放心吧，妈妈一定能搞定。"

"我相信妈妈，妈妈是高级大厨！"

好吧，既然儿子都这样说了，我不做出来红糖麻酱饼都不行了。于是按照做麻酱花卷的思路，做出了里面夹层的馅，又按照烙饼的做法擀出了饼皮。三下五除二嫁接成了红糖麻酱饼。别说，连我自己都爱上了这个味，逗逗自然是满足地美美吃了一顿。

红糖麻酱饼

"儿子，那个饼厚不厚？"

"不厚呀，挺薄的，但是有好几层呢。"

"那饼吃着是不是外面很脆，里面很软？"

"对呀，你怎么知道？"

"你之前最喜欢的烙饼不就是这样的吗？"

"嗯嗯，对呀！但是这个饼听说里面是红糖和麻酱，之前那个饼啥也没有。"

"那我明白了，放心吧，妈妈一定能搞定。"

制作材料

（1 张饼）

主料：面粉 200 克，热水 90 克，冷水 30 克

辅料：麻酱 20 克，色拉油 10 克

调料：盐 1 克，红糖 15 克，白糖 15 克

制作步骤

1. 面粉倒入盆中，加盐、热水用筷子搅拌均匀，然后加入冷水拌匀成团，略有点粘手，揉至没有明粉后盖上保鲜膜醒发 1 小时。

2. 将面团分割成 4 份，揉成团松弛 10 分钟。

3. 将面团擀开成薄片。

4. 将红糖、白糖加入芝麻酱中拌匀。

5. 将芝麻酱馅料铺在面片上，最下端留出一点空白。

6. 将面片从一端卷起，尽量卷紧，收口处朝下放置。

7. 将长条从一端盘成卷，尾部放在最下面压紧，松弛 5 分钟。

8. 将面团再次擀开成圆形。

   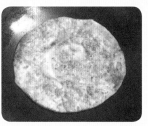

9. 锅里倒入少许色拉油，冷油下锅将面饼坯子放入其中，开火不盖盖子烙至一面金黄后翻面继续烙。

10. 待两面都金黄后出锅切块即可食用。

Tips

① 这种是烫面做法，先用沸水和面然后冷水继续搅拌，再放置一小时后面很筋道，也容易擀开。

② 烙饼时冷油下锅，并且在油热后手握锅柄慢慢旋转，让饼能够均匀受热。

③ 出锅后，用擀面杖将面饼挑起来往案板上一摔，然后再切，这样面饼的层次就更加分明了。

宝贝爱吃 12

冬天里北京人都很喜欢吃羊蝎子。一锅热气腾腾的羊蝎子一上桌，带上手套，我们就迫不及待地开始上手吃了。吃完羊蝎子，我们会接着涮锅子，主食最不可少的就是麻酱烧饼了。吃一口麻酱烧饼，外皮酥脆掉渣，里面暄和柔软，口感好极了。一顿饱饭解决了，浑身暖洋洋的。

在北京的回民餐馆，麻酱烧饼是必备的一款面点主食。麻酱烧饼色泽金黄，外焦里嫩，香味浓厚，一刀切开，层次清晰、均匀，一般十五六层的最为地道。

逗逗第一次吃到这个烧饼时，就停不住嘴了，连连夸它是美味。哈哈，既然是美味，咱就得让美味下厨房啊。学会做这款麻酱烧饼的念头又忍不住蹦出来了。

这不，寒冬腊月的，我们家自己买了羊蝎子，洗净切块高压锅压入味了，倒入火锅中继续扑腾着，一家人围着火锅吃了起来。最后出场的就是我精心制作的麻酱烧饼了。光是这一口下去的层次，就让人美滋滋了。

麻酱烧饼

逗逗第一次吃到这个烧饼时，就停不住嘴了，连连夸它是美味。哈哈，既然是美味，咱就得让美味下厨房啊。学会做这款麻酱烧饼的念头又忍不住蹦出来了。

这不，寒冬腊月的，我们家自己买了羊蝎子，洗净切块高压锅压入味了，倒入火锅中继续扑腾着，一家人围着火锅吃了起来。最后出场的就是我精心制作的麻酱烧饼了。光是这一口下去的层次，就让人美滋滋了。

制作材料

（12 个烧饼）

主料： 面粉 250 克，面肥 40 克，温水 160 克

辅料： 碱 2 克，白芝麻 50 克，芝麻酱 60 克

调料： 生抽 1 勺，老抽 1 勺，花椒面 2 勺，香油 30 克

制作步骤

1. 用温水将面肥化开。

2. 然后加入面粉一起和成面团，放在温暖处发酵。发酵好之后加入适量的碱揉匀，盖上保鲜膜松弛备用。

3. 将芝麻酱放在碗中，加入香油、生抽、老抽和花椒面用筷子解成稀糊。

4. 将面擀成大片，厚约 2 毫米。

5. 上面抹上混合好的芝麻酱。

6. 沿着长边卷起，收口朝下。

7. 用刀切成需要的大小。

8. 将面坯擀开成长方形。

9. 将每段拉长折三折。

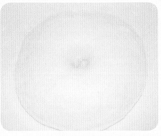

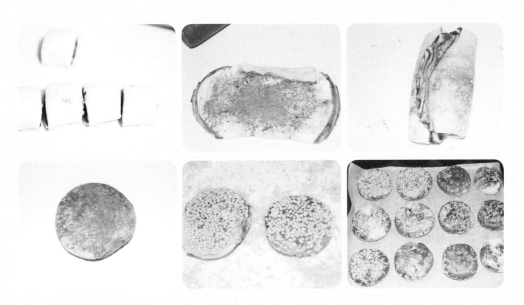

10. 然后归拢成圆形。

11. 光面抹上少许水，搓出面浆后蘸上白芝麻，将没有抹芝麻的一面冲下放入烤盘。

12. 烤箱中层上下火，温度 200℃，时间 20 分钟。

Tips

①用碱最好在面团发酵 30 分钟后，用水将碱化开然后加入面团中揉匀。

②麻酱烧饼是半发酵面食，所以不用像做馒头那样发酵很长时间使体积膨胀，这个只需要 30 分钟发酵即可。

③不喜欢酱油味道，就可以直接用香油解好芝麻酱来用。

④抹芝麻之前最好将沾水的那面用手搓出面浆，这样更容易粘牢芝麻，否则很容易在烤制时掉下来。

⑤揪剂子后，可以三折然后做成圆形，也可以直接将两头合拢做成圆形，前者的分层更多。

宝贝爱吃 13

　　逗姥姥新近认识的朋友里面有一对山西夫妇，他们很擅长做面食，经常会请逗姥姥去家里做客，让逗姥姥吃到各种地道的山西面食，而且连粉都是他们从老家带来的，据说比我们在超市里买的好，不用醒发就能做出可口的面食。这不，连地道南方人的逗姥姥也开始喜欢上了面食，所以最近家里的面粉很费啊，没有办法，为了美食，这些都不重要了。逗妈也被感染了，所以也开始学习面食的制作，偶尔换个口味确实很不错。

　　这款千层肉饼的做法也是我在电视上看到然后记录下来的。经过实践总结经验，最后总结出了下面的配方和做法。逗逗最是好奇为什么这肉饼能有那么多层次。

　　"妈妈，这肉饼为什么这么多层啊？太神奇了，明明看到就是一层面皮，最后怎么变出这么多层次啊？"

　　"因为做的过程中，妈妈将这一块面皮分割了很多次，然后折叠了很多次，所以最后有这么多层次啊。"

　　"太有意思了，这样一口能吃很多肉了。"

　　吃完一块，逗逗又跑到厨房去吃了两块肉饼，哈哈！

千层肉饼

"妈妈，这肉饼为什么这么多层啊？太神奇了，明明看到就是一层面皮，最后怎么变出这么多层次啊？"

"因为做的过程中，妈妈将这一块面皮分割了很多次，然后折叠了很多次，所以最后有这么多层次啊。"

"太有意思了，这样一口能吃很多肉了。"

吃完一块，逗逗又跑到厨房去吃了两块肉饼，哈哈！

制作材料

（3张饼）

主料： 中筋粉 500 克，肉馅 250 克

调料： 葱 1 根，盐 2 克，酱油 1 大勺，五香粉 1 小勺，胡椒粉 1 小勺，香油几滴

制作步骤

1. 将葱末、盐、酱油、五香粉、胡椒粉和少许香油加入肉馅中拌匀，记得往一个方向搅拌。

2. 将中筋粉中加入适量的温水揉成面团，放置醒 30 分钟。

3. 将醒好的面团擀成圆形，我这个量做了 3 张饼，所以先分成了 3 份，接着擀成了面饼，尽量薄一些比较好，然后切 8 刀，如图。

4. 然后抹上肉馅，尽量抹匀。

5. 从左至右开始不断地折叠面片。

6. 将肉饼擀成薄饼。

   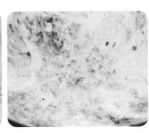

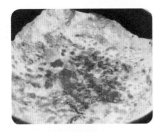

7. 锅中倒入少量的食用油，然后将饼放入锅中，烙一面大概需要3分钟。中间用锅铲转动饼，让其受热均匀。然后翻面接着烙，两面都金黄了就可以出锅了。

8. 出锅后的肉饼用擀面杖抖一下层次更好一些，然后切成块就能吃了。

Tips

① 肉馅的味道可以多变，肉的种类也可以根据喜好来更换。

② 最后擀开肉饼的时候一定不能太过用力，不然肉会从里面跑出来。

宝贝爱吃 14

在老家吃过韭菜鸡蛋的饺子，来北京了头一回在食堂吃到韭菜鸡蛋的馅儿饼，一口咬开，就着醋吃，别说，还挺香的。这不，市场上刚下的韭菜看着嫩绿嫩绿的很新鲜，想起小时候回到农村奶奶家看着地里的韭菜和麦苗竟然傻傻分不清，到底谁是谁。

这天正好借着买韭菜的机会，给儿子上了一课，教他认识简单的蔬菜种类，记下蔬菜名字，什么心里美、沙窝萝卜、小香芹、西芹、空心菜等等。小家伙很认真地一一记着名字。生活就是一门学问，到处都有知识啊！

买回韭菜就想着自己也在家做一回馅儿饼吃。儿子喜欢吃面食，对于面条、烙饼都是来者不拒的。韭菜先要挤出水分，不然不好包馅，这个挤水的工作就交给他了。我在炒鸡蛋，他搬个小板凳坐在旁边用两只小手使劲攥着韭菜，让水流到盆子里。最后将韭菜汁倒入碗中，儿子指着碗里绿色的汁说道："好漂亮的颜色啊，妈妈，这个可以画画吗？"我说："这个不能，但是可以留着揉馒头，做出来的馒头也会变成绿色的。""真的吗，太神奇了，我也要吃绿色的馒头。""好啊，等做完馅儿饼的哈！"

最后和馅、包馅、擀饼一气呵成。烙饼的时候满屋都是韭菜的香味，想想都很好吃啊。

韭菜鸡蛋馅儿饼

买回韭菜就想着自己也在家做一回馅儿饼吃。儿子喜欢吃面食，对于面条、烙饼都是来者不拒的。韭菜先要挤出水分，不然不好包馅，这个挤水的工作就交给他了。我在炒鸡蛋，他搬个小板凳坐在旁边用两只小手使劲攥着韭菜，让水流到盆子里。

制作材料

（10 个馅饼）

面团材料： 面粉 300 克，沸水 75 克，凉水 75 克

内馅材料： 韭菜 200 克，鸡蛋 2 个，盐 2 克，五香粉 8 克，胡椒粉 5 克，香油几滴

制作步骤

1. 将 300 克面粉分成两份，一份用沸水和面，一份用普通凉水和面。

2. 将两个面团放到一起揉匀。今天揉面用的是逗姥姥的方法，就是用擀面杖将面团擀开，然后对折接着擀开，如此往复，之后就是用擀面杖的一头用力打面团，让面团有劲，最后就是醒面 30 分钟。

3. 醒面的过程中开始做馅了，将韭菜洗净切丁，然后加入少许盐让韭菜的水分析出来，接着将韭菜放入事先准备好的纱布中将水分挤出来。

4. 将鸡蛋打散，加入少许白醋和清水，倒入热油的锅中煎炸，变色成形后关火，然后将鸡蛋用锅铲弄成碎鸡蛋末，并将鸡蛋和韭菜混合成馅，加入各种调料，口味根据个人爱好来加。

5. 将醒好的面团揉成长条状，分成两等份，取其中一等份开始做馅儿饼。将长条分成一段段的小剂子，然后擀开成圆形，中间厚，四周薄。

6. 开始包馅了，像包包子那样，将面皮四周拢起，然后挨着个地捏紧开口处，直至合拢。

7. 将面饼擀成圆形。

8. 在锅中倒入少量的色拉油，放入馅儿饼，开始时让光洁的一面朝下，接着在锅中转动一下，均匀地抹上油，然后在锅中倒入少许水，刚刚没过锅底一层就行，不要太多。

9. 开火，盖上锅盖，让正面上色后就翻面接着烙，直至饼熟了即可出锅。这是逗姥姥教给逗妈煎饺子的方法，逗妈用在了烙饼上了，活学活用。

> **Tips**
>
> ① 韭菜水分很多，所以做馅时一定要将水分挤掉，不然会影响最后包的时候的样子，就是水多不好合拢。
>
> ② 擀皮时最好是中间厚，四周薄，因为这样包好的面饼，在进行下一步擀成圆饼时不至于破开。
>
> ③ 煎饺子和煎馅儿饼一样，如果你只放油来煎，往往表皮都焦了，馅还没有熟，特别是煎肉馅儿饼更是如此，里面熟外面已经焦黑状了。开火前加入油和少量水，就是为了让水汽上来将馅热熟，同时让表皮金黄而不黑。煎盒子之所以开始不加水，是因为盒子本身皮已经很薄了，所以热油的温度足以让馅和面皮一起煎熟。

宝贝爱吃 15

　　春天来了，周末的清晨天高云淡，天气甚好，于是带着老大去市场采购了一堆食材回家。中午一顿丰盛的大餐之后，下午问及逗逗晚上吃什么，结果他说："妈妈，中午吃太饱了，还不觉得饿呢。"于是，我就想着熬点粥，炒点小青菜吃吃；但又担心没了主食，光喝粥，饿得快，索性揉点面做馒头。

　　逗逗去广场玩够了回到家就想看电视，打开电视正好在播放《西游记》，这可是逗逗必看的节目，于是他高兴得满客厅跑，边跑边看电视剧。这一集演的是玉兔精的故事，看得兴起，他居然跑来厨房抄起我的擀面杖当做金箍棒耍了起来——这个淘气包，真是没辙了。我只好陪他去客厅看会电视去了。

　　一集演完他就玩玩具了，我回到厨房突发奇想，既然今天演玉兔精的故事，我就变个花样做个玉兔的花卷吧，这样更有意思。说做就做，我就开工了。小家伙不识闲，又跑来说是给我帮忙。好吧，看着台面上、地上，还有他的脸上都是面粉，我也认了，这也许就是生活乐趣的一部分吧！

玉兔迎春

　　既然今天演玉兔精的故事，我就变个花样做个玉兔的花卷吧，这样更有意思。说做就做，我就开工了。小家伙不识闲，又跑来说是给我帮忙。好吧，看着台面上、地上，还有他的脸上都是面粉，我也认了，这也许就是生活乐趣的一部分吧！

制作材料

（8 个普通馒头，2 个"玉兔"）

主料：面粉 300 克，奶粉 10 克

辅料：即发酵母粉 5 克，水 180 克

调料：盐 5 克，白糖 20 克

制作步骤

1. 用开水将糖化开放至 35℃左右加入酵母粉化开，然后倒入混合好盐和奶粉的面粉中，边倒水边用筷子不停地顺时针搅拌面粉，使面粉成为雪片状，至不见明显的白面时停止加水，开始用手揉面，揉成光滑的面团即可。我用了做面包的手法还摔了几次面团，不摔也可以。

2. 面盆底部撒上面粉然后放入面团，盖上盖子后放到温暖处。我选择了放在热水盆上加温，然后放在暖气片旁边进行发酵，这样处理既有温度又保证了湿度。记住热水温度不可太高，超过 60℃酵母就会失效。

3. 50 分钟后面团膨胀到原来的 2.5 倍大时取出，然后直接整形，今天的这

个量最后称是 560 克，我分成了 10 份，8 份各 55 克的，做了普通的馒头，剩下的两个面团我做了小兔给逗逗。

4. 小兔做法：将面剂子搓成长条状，40—50 厘米长，对折后从底部开始卷，卷成 S 形，分叉处正好是小兔的两只耳朵，用红豆放在小兔脸部做眼睛，然后用剪刀分别剪出嘴、尾巴和腿。

5. 蒸馒头：目前我试验的方法有两种，一是发酵后的面团不排气直接整形就上锅蒸，这样处理的馒头很暄乎；二是将发酵好后的面团排气，然后整形，接着是盖上保鲜膜醒 15 分钟，最后再蒸，这样处理的馒头组织很紧实，有点山东戗面馒头的口感。

6. 蒸锅蒸气上来后蒸 12—15 分钟即可，关火焖 2 分钟就可开盖盛盘。

Tips

① 制作小兔子时要将面剂子足够松弛一会再搓长，不然面团较劲，搓开还会回缩的。

② 蒸好后焖 2 分钟再开盖可以避免面团回缩。

宝贝爱吃 16

冬至已过，天气渐渐变冷了。北方的新鲜蔬菜已经渐渐少了，大街小巷到处可见有人开着小货车或者骑着平板车卖大白菜。要知道这个季节就是大白菜上市的正季了，很多老北京人都会大批地买进大白菜。吃法也有很多：捞白菜、炒白菜、白菜粉丝豆腐汤、芥末墩等等，甚至还有将白菜晒干了炸着吃的。

这不，我也买了6颗大白菜回家。老公是东北人，虽然来北京十几年了，人总是不能忘记家乡的味道。就好比这酸菜，老公一到冬天就好这口，所以家里新添了一口大缸放在了北阳台。6颗白菜加上粗盐一起腌渍，整整40天的漫长发酵，我的酸菜由嫩绿变成了金黄色，打开酸菜缸就能闻到那股自然天成的酸菜味道，就是它了。

因为逗逗喜欢吃面食，所以就给爷儿俩做了酸菜粉条猪肉盒子。周五晚上将粉条泡上，周六一早就开始和面，醒面。中午盒子就开包了，一气呵成做了12个，中午一家五口人统统吃掉，嘿嘿，战斗力还可以哈。

酸菜粉条猪肉盒子

就好比这酸菜，老公一到冬天就好这口，所以家里新添了一口大缸放在了北阳台。6颗白菜加上粗盐一起腌渍，整整40天的漫长发酵，我的酸菜由嫩绿变成了金黄色，打开酸菜缸就能闻到那股自然天成的酸菜味道，就是它了。

制作材料

（12 个盒子）

主料：面粉 400 克，水 210 克，猪肉 150 克，酸菜 1 颗，粉条 1 包

辅料：大葱 1 根

调料：白胡椒粉 1/2 小勺，香油 5 克，酱油 1 小勺

制作步骤

1. 面粉加水用筷子搅拌至雪花片状，然后改用手揉和成团。此时面团表皮很粗糙，对于揉面发憷的妈妈们，最好的办法就是揉成团后盖上湿布或者保鲜膜松弛10 分钟。

2. 松弛 10 分钟后的面团相对柔软了，这时接着揉至表面光洁即可。

3. 将面团搓成长条盖上保鲜膜松弛备用。

4. 将酸菜洗净备用。

5. 将猪肉切丁后加入切段的大葱一起剁馅。

6. 将酸菜切丁加入猪肉馅中一起剁细备用。

7. 锅中坐水，烧至沸腾后下入粉条，烫至八分熟即可捞出。

8. 粉条倒入凉水中。

9. 将粉条切小段加入肉馅中，加入白胡椒粉、酱油和香油拌匀做成盒子馅。

10. 将面团分成若干小剂子，然后擀开成圆形。

11. 将肉馅放在面皮上。

12. 面皮对折后将盒子边一折再折压出花边。

13. 锅中抹上一层油将盒子摆放入锅。

14. 冷锅时倒入冷水，冷水没过盒子的一半高度。

15. 盖上锅盖后开火煎至下面的表皮金黄结壳，然后翻面接着煎另一面至颜色金黄即可出锅。

Tips

① 酸菜腌够 40 天，自然产生酸味，这时开始食用最佳。

② 粉条一定要提前浸泡，不然很难熟透。

③ 煎盒子必须加入适量的水，不然表皮金黄，里面还不熟。

宝贝爱吃 17

作为两个孩子的妈妈，对于婴儿辅食的制作还是很有心得的。记得儿子小时候刚开始添加辅食时，我从超市购买了冷冻的迷你小水饺，儿子很喜欢吃，每次都能吃4—5个。但是因为担心这种冷冻水饺里面添加了防腐剂之类的东西，所以一度没有再买。

水饺的最大好处就是可以将各种营养食材合理搭配，既饱腹又能营养均衡，甚至于孩子不喜欢的食材也可以剁碎了放到里面，这样可以很好地解决孩子挑食的问题。

今儿在超市又看到迷你水饺了，我就萌发了自己回家做水饺的想法，看看二宝喜不喜欢呢？饺子皮弄好了，但是如何能做出大小一致、形状好看的迷你水饺呢？我就想到了做西点用的饼干模具了。对呀，那个小一号的花边圆形模具正合适。于是我就用饼干模具刻出了饺子皮，果然整齐划一，看着极好的。小心翼翼包入内馅，压实收口。得嘞，齐活，下锅一煮，水沸三次出锅。等到不烫了，就喂给二宝吃。果不其然，她跟哥哥一样很是喜欢。看着二宝吃得美美哒，我就开心了。

儿童迷你水饺

水饺的最大好处就是可以将各种营养食材合理搭配，既饱腹又能营养均衡，甚至于孩子不喜欢的食材也可以剁碎了放到里面，这样可以很好地解决孩子挑食的问题。

今儿在超市又看到迷你水饺了，我就萌发了自己回家做水饺的想法，看看二宝喜不喜欢呢？饺子皮弄好了，但是如何能做出大小一致、形状好看的迷你水饺呢？我就想到了做西点用的饼干模具了。

制作材料

主料： 猪肉 500 克，小香葱几根，胡萝卜 1 根，饺子皮 80 张

辅料： 食用油 1 大勺

调料： 盐 3 克，生抽 1 小勺，香油 1 小勺

制作步骤

1. 将胡萝卜和香葱洗净，切成小丁丁。

2. 将猪肉切块。

3. 将猪肉和蔬菜一起混合放入料理机中打成泥。

4. 将肉馅放入碗中加入调料一次混合均匀，然后顺时针搅拌上劲。

5. 饺子皮用小的饼干模具或者家里的瓶盖切出小的形状来。

6. 在饺子皮中间放好馅料。

7. 然后将饺子皮对折，用圆形饼干模具沿着饺子皮没有馅的地方刻出一个半圆形的印记来。

8. 接着用手将饺子皮的花瓣边缘轻轻捏紧，这样饺子就包好了，馅也不会跑出来。

9. 锅中坐水，水沸后下饺子，煮 2 分钟即可出锅食用。

Tips

① 水饺的大小可以用模具来控制，如果你手头没有饼干模具，那么可以找到合适的瓶盖来刻出饺子皮。

② 因为饺子很小，所以包入内馅不要太多，毕竟是孩子吃，饺子一口或者两口一个最合适。

姥姥的朋友从老家来北京，还给姥姥带来了新下的玉米面。姥姥拿回家问我用它做什么。我就想起上次逗逗说想吃发糕了，于是想着用这玉米面做发糕，多吃粗粮更健康。

为了让逗逗喜欢，我还特意在发糕上放了葡萄干增添风味。

逗逗一看我在厨房忙活，就放下手头的玩具跑了过来。

"妈妈，你在做什么？"

"妈妈要做玉米发糕，你想吃吗？"

"好吃吗？"

"当然好吃啦，你要不要帮忙啊？"

"嗯，好，妈妈，要我做什么？"

"那你就帮我洗葡萄干和放葡萄干吧，好吗？"

"好的。"

别看小家伙平时毛手毛脚，可是一说要帮忙，他总是非常认真，立马搬了个小板凳到水池旁洗葡萄干。我看着这个小小的背影，有种莫名的温暖和感动。他最开

玉米发糕

　　别看小家伙平时毛手毛脚，可是一说要帮忙，他总是非常认真，立马搬了个小板凳到水池旁洗葡萄干。我看着这个小小的背影，有种莫名的温暖和感动。他最开心的就是铺葡萄干了。铺完了还剩几个，他就当零嘴吃掉了。

　　"妈妈，葡萄干真甜啊！"

　　等发糕蒸熟了，放到不烫手时，我切成一块块的，放入盘中。逗逗拿了一块送到我嘴边，对我说："妈妈辛苦了。"

　　顿时心里被幸福填得满满的，儿子长大了啊！

心的就是铺葡萄干了。铺完了还剩几个，他就当零嘴吃掉了。

　　"妈妈，葡萄干真甜啊！"

　　等发糕蒸熟了，放到不烫手时，我切成一块块的，放入盘中。逗逗拿了一块送到我嘴边，对我说："妈妈辛苦了。"

　　顿时心里被幸福填得满满的，儿子长大了啊！

制作材料

（1盘发糕）

主料： 玉米面100克，面粉150克，酵母粉4克，牛奶130克

辅料： 葡萄干、色拉油适量

调料： 白糖20克

制作步骤

1. 将玉米面、面粉、白糖和酵母粉混合均匀后，加入牛奶揉成面团，再醒发1小时。

2. 发至原来的2倍大后，排气揉匀，再醒15分钟。

3. 将面团擀成1厘米厚的片状，抹上一层油对折后擀开，反复3次。

4. 最后在表面上刷上清水，然后摆上葡萄干，醒发25—30分钟。

5. 冷水上锅蒸，上汽后蒸15分钟，温度降下来后切块即食。

Tips

① 玉米面一定要选择那种磨得很细的面，颗粒不能太粗。

② 将面团整形放上葡萄干后要醒发 30 分钟左右再开火蒸，这样发糕就会非常暄乎了。

宝贝爱吃 19

自从有了老大，姥姥总会在大大小小节日的时候请假来北京看我，帮我带孩子。后来母亲60岁退休了，就来北京跟我一起住，帮我带孩子了。如今我又有了老二，母亲接着帮我带老二。

虽然说她很充实，每天孩子们围绕跟前，从不寂寞，但母亲也失去了自己的自由时间，每每外出都要考虑孩子的事情。每次给母亲买新衣服的钱，母亲也都拿来给孩子们添置新衣服了。为了帮助我分担生活的压力，母亲一直任劳任怨，没少付出辛苦。

老大从小到大学习的很多兴趣特长都是姥姥最初带着他去试课，然后报班学习的。包括学习围棋，姥姥都是上课带着小本子认真记录，回家跟老大一起背定式，一起下棋。后来老大想学轮滑，但是我因为上班，没办法早早接他放学去训练场，所以无论刮风下雨，都是姥姥带着他坐公交倒地铁去训练。因为那时的坚持，才有了今天老大在全国赛上的金牌成绩。

如今老大也大了，每当问起他，有时姥姥会严格要求，甚至于严厉训斥他，他恨不恨姥姥时，老大会毫不犹豫地说："不恨，姥姥都是为了我好。"姥姥说，有这句话就足够。

多重口感吃寿桃

虽然说她很充实，每天孩子们围绕跟前，从不寂寞，但母亲也失去了自己的自由时间，每每外出都要考虑孩子的事情。每次给母亲买新衣服的钱，母亲也都拿来给孩子们添置新衣服了。为了帮助我分担生活的压力，母亲一直任劳任怨，没少付出辛苦。

今年又到母亲大人的生日了，想想外面饭菜她也是看惯了，吃腻了，所以除了给母亲做了生日蛋糕，我还特意做了8个寿桃，祝福母亲大人福如东海、寿比南山，永远陪伴我们，过着寻常人家的小资生活。母亲对这个礼物很是喜欢。

制作材料

（8个寿桃）

主料（面团）：面粉 400 克，水 210 克，盐 3 克，糖 30 克，酵母粉 4 克

辅料：麻薯 8 块，食用色素（粉红色、绿色各 1 滴）

制作步骤

1. 将主料混合揉成团。

2. 面团进行第一次发酵至 2 倍大。

3. 取一小块面团出来加入绿色素揉匀后，将两个面团分别分割成 8 份盖上保鲜膜醒发 10 分钟。

4. 将白色面团取一块包入麻薯收口朝下。

5. 将面团顶部用手捏出一个小尖尖。

6. 用刀背在面团上竖向压出一条痕迹。

7. 取一块绿色面团擀成椭圆长条。

8. 将叶子放在白色面团的底部，然后两边往上紧贴面团两侧包裹好。

9. 用刀背在面片上压出叶子的纹路。

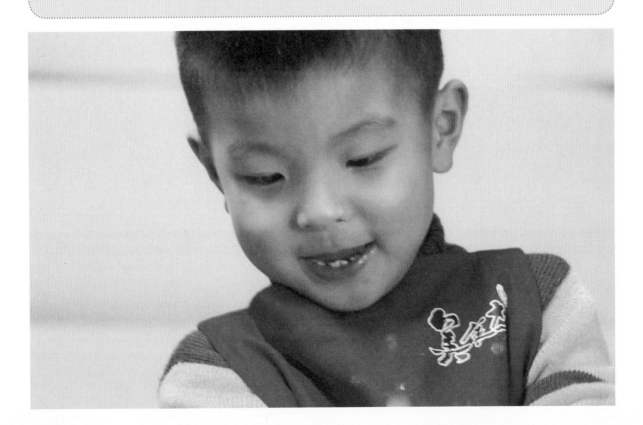

10. 将做好的面团放入蒸屉内，盖上盖子醒发 20 分钟左右。将粉红色素用少许水调开，然后用刷子从面团的底部往上轻轻刷一层上色即可。

11. 蒸锅蒸气上来后蒸 18 分钟，关火后焖 2 分钟出锅。

Tips

① 寿桃的内馅不拘泥于一种，但最好选择含水量相对低的，这样整形后包子比较挺立，高度不会太矮。

② 做寿桃叶子也可以用菠菜汁来和面。

宝贝爱吃 20

　　记得在《舌尖上的中国》纪录片中，一位香港的美食家曾经说过："制作美食最好的方法就是尽量还原它本身的味道，也就是原味。"

　　一日，我们小区门口有一位拉着板车来卖山药的小贩。逗逗路过时好奇地问我："妈妈，这个大长棍子是什么？"

　　"这是铁棍山药。"

　　"那为什么跟姥姥之前在超市买的不一样呢？这个瘦，那个肥。" "嗯，姥姥买的那个口感脆脆的，这个铁棍山药口感面面的。"

　　"我想尝尝这个行吗？"

　　"当然可以啦。"

　　买了一根铁棍山药回家，想着怎么吃的时候就想到那位香港美食家说的话。于是，我就用蒸的方法，将洗干净的山药切段，还有儿子喜欢的玉米切段一起蒸熟；蒸屉下面煮了花生、毛豆。这样一盘热气腾腾的粗粮端上桌，我取名为"五谷丰登"。蘸着白糖，逗逗吃得可香了。

五谷丰登

买了一根铁棍山药回家，想着怎么吃的时候就想到那位香港美食家说的话。于是，我就用蒸的方法，将洗干净的山药切段，还有儿子喜欢的玉米切段一起蒸熟；蒸屉下面煮了花生、毛豆。这样一盘热气腾腾的粗粮端上桌，我取名为"五谷丰登"。蘸着白糖，逗逗吃得可香了。

制作材料

主料： 铁棍山药 1 根，玉米 1 个，生花生 250 克，毛豆 250 克

调料： 盐 1 勺，糖 1 大勺，五香调料适量

制作步骤

1. 将山药洗净沥水备用。

2. 山药和玉米分别切段。

3. 花生和毛豆洗净，毛豆去头去尾。

4. 蒸锅中加入适量的水，放入花生和毛豆，加入盐和五香调料。

5. 盖上蒸屉，接着放上山药和玉米。

6. 盖上盖子，大火上汽蒸20分钟即可。

7. 出锅后，山药可以蘸着白糖一起吃，味道更佳。

Tips

① 山药洗净切段蒸熟，不用去皮，吃的时候再去皮。

② 山药蘸白糖口感更好。

关于面粉发酵的常识

通过做各种面食的经历，逗妈积累了一些关于面粉发酵的常识。现将这些知识汇总如下，希望对于那些喜欢面食，但为面团发酵不成功而发愁的朋友有所帮助。

面肥一般家庭称为老面、老肥、老酵母、引子等等。

做面肥是饮食行业传统的酵面催发方式，经济方便，但缺点是发酵时间长，使用时必须加碱中和酸味。

一、酵面制作面肥的方法

取一块当天已经发酵好的酵面，用水化开，再加入适量的面粉揉匀，放置盆中自然发酵，到第二天就成了面肥了。

二、新面肥的制作方法

1. 面粉500克，白酒100克，水250，和好静置发酵就可以了。

夏季4个小时

春秋7—8个小时

冬季10个小时

2. 将一小碗面粉，加水和成较软的面团，放置在温度较高的地方，10小时后即可使用。

3. 面粉500克，水250克，蜂蜜1.5汤匙，和好静置发酵就行。

冬季用温水，其他季节用凉水（也可把蜂蜜直接加入面粉内），和成面团，揉匀后置盆内，盖块湿布，放在温暖处2—3小时，待面团胀发到原体积的2倍时即可。

三、发酵的要诀

加面肥要适量，用自制的面肥可多加些，每500克面粉，加面肥80克左右。如用鲜酵母，每500克面粉加5—10克即可。用鲜酵母的时候，可将其用温水溶化，再按比例加入面粉中和匀，置温暖处，待其发酵；如用面肥，可分两步进行，先用小半碗面粉加面肥揉匀，3—4小时发起，再将其他面粉揉入，再发2—3小时即可，如时间有限，可将两个步骤合二为一。面肥多，环境温度高，发酵快，反之，则发酵慢。和面时可加少许盐，可促使酵母菌更快繁殖，产生二氧化碳更多，蒸出的馒头松软有劲，香甜可口，也可加点啤酒，效果更好。

四、如何鉴别发酵的程度

1. 用手按面团，筋力大，弹性好，说明发酵好。

2. 如果切开面团后，面团的孔洞小而又少，酸甜味不明显，说明面团发酵不足，还须继续发酵。

3. 用力按面团有弹性，略有下陷，有一定筋力，用力拍打时面团"嘭嘭"作响，切开面团看，孔洞较多，有一股酒香味，说明面团发得正好。

4. 面发起后，用手摸面团立即下陷，筋力差，切开后，面团像棉絮，孔洞较大又密，酸味重，说明发酵过火，此时要放碱或重新加些面粉再和，加面多少视发酵程度而定。

五、面没发好怎么办

1. 在未发好的面团上挖个坑，加一些白酒，再和一下，即可成形上屉。

2. 在没发好的面团中加少许小苏打或苏打片，揉匀后即可。

3. 如天冷发面时，在面中放少许白糖，不仅起发快，而且馒头可口。

六、怎样掌握下碱量

碱加多了味发苦，面食不膨胀，颜色不好看；加少了味酸发硬。一般情况下，每500克面粉，80克左右的面肥，下碱4—5克为宜。下碱量还要根据酵面的老嫩、温度等灵活掌握，如天热温度高，面肥多，酵母菌易繁殖，可多些；天冷温度低，面肥少，应少下些。如下碱后，未及时使用，面团中的酵母菌还会繁殖，面团又显酸性，还应下碱中和。

美味菜肴

宝贝爱吃 21

第一次带儿子回老家过年时，儿子对于南方人喜欢家家户户在阳台晾晒各种腊肉制品很是好奇。到姑姥姥家吃年饭，看到姑姥姥的阳台挂着一串串腊肠、腊肉、腊鸡、腊鸭、腊羊腿还有绿豆丸子时，他很好奇为什么这些吃的要挂起来。姑姥姥告诉他："这是我们这里的习俗，每逢过年家家户户都会提前一个月准备年货，制作各种腊肉，既能长时间保存又可以享受另一种美味。谁家阳台挂的东西多就说明谁家今年大丰收，来年也有好运气。"

今年过小年时，儿子跟我提要求，要我也制作腊肉之类的东西挂在阳台上，他说这样来年他就有很多压岁钱。小朋友的脑子里就是充满了天真的幻想啊。我得令就赶紧做起来。

灌肠我用的是肉块，灌起来省事多了，做好的肠晾晒了一周就好了。为了照顾儿子的口感，我做了一半五香味、一半麻辣川味的。嘿嘿，过年有得吃咯。

川味腊肠

今年过小年时，儿子跟我提要求，要我也制作腊肉之类的东西挂在阳台上，他说这样来年他就有很多压岁钱。小盆友的脑子里就是充满了天真的幻想啊。我得令就赶紧做起来。

灌肠我用的是肉块，灌起来省事多了，做好的肠晾晒了一周就好了。为了照顾儿子的口感，我做了一半五香味、一半麻辣川味的。嘿嘿，过年有得吃咯。

制作材料

（20 根腊肠）

主料： 猪肉 2500 克，肠衣 250 克

辅料： 高度白酒 50 克，红酒 50 克

调料： 盐 40 克，五香粉 20 克，辣椒粉 10 克，花椒粒 10 克，酱油 40 克

特殊工具： 矿泉水瓶子口 1 个，粗棉绳子，牙签

制作步骤

1. 将调味料的材料称量备用。

2. 猪肉洗净备用。

3. 肠衣用筷子翻过来用刀背将脏物去除，然后用面粉搓洗，最后用盐抓洗干净，放在清水里浸泡备用。

4. 将肉切成块状，可以切成 1 厘米见方的小丁，也可以切成 2 厘米 ×1 厘米的长条。

5. 将调味料加入肉中拌匀。

6. 取一个装矿泉水的塑料瓶子，将瓶口和带喇叭口的瓶颈一起剪下来备用。

7. 肠衣一次取 1 米，然后在末梢打结。

8. 肠衣的另一端套在塑料瓶口处，用绳子拴紧不让其从瓶口滑脱。

9. 用筷子将肉条夹起来塞入塑料瓶口。

10. 将塞入肠衣的肉块用手往下捋，塞到快要满时，用手挤压肠衣，让肉块紧实后，间隔 10 厘米用棉绳系紧。

11. 最后将肠衣的口从塑料瓶口处抽出来，用棉绳系紧封口。

12. 灌好的肠用牙签在周身戳小孔。

13. 将肠放到阳台挂起来暴晒，大太阳天里四五天就能搞定，如果阴天需要更长时间，晒到外表看肠衣都缩紧了，用手捏很硬的状态就可以了。晒好的腊肠可以放入冰箱冷冻保存，也可以在阴凉处放入纸箱子里平铺保存。

Tips

① 做腊肠最好选用猪前腿或者后臀尖肉。

② 做好的肠一定要用牙签扎孔，这样里面的油在暴晒的过程中会慢慢流出来。

③ 制作腊肠一定要保持干燥，潮湿阴冷的地方容易让腊肠发霉变质。

④ 吃的时候用水煮也行，蒸熟了切片吃也可以，水煮味道淡些，蒸食味道重些。

宝贝爱吃 22

　　每年过年公婆都会特意从东北老家带来很多的猪肉，这些猪肉味道确实比超市或者菜场的猪肉要香得多。因为这是公婆每年特意请乡下的亲戚专门为我们养的猪，只用粗粮喂养，不添加任何的饲料，虽说长得很慢，但是猪肉确实是纯天然的，即便是切块用清水煮都能闻到一股子的香味。这不，过年时他们又不辞辛苦地大老远带来了将近80斤猪肉。因为北京的气温比东北低很多，所以没办法像在东北那样将肉放到阳台冷冻，我们只能是放冰箱了。可是家里的冰箱空间有限，所以还有很大一部分肉是放不下的。这些没有进冰箱的肉如果不处理，时间一长肯定会坏掉，多可惜啊。因此，我将这部分肉切条腌制做成腊肉，这样过年吃新鲜的猪肉，等年过完了我们就可以接着吃腊肉了，嘿嘿，一举两得啊！

　　逗逗看着阳台上挂着一条条腌制的腊肉很是好奇。

　　"妈妈，为什么这些肉颜色这么深啊？"

　　"因为它们经过了处理，上了颜色，这样就不会坏掉，而且很有滋味啊。"

　　"妈妈，这颜色好漂亮，好有食欲，我好想吃啊，什么时候能吃呢？"

　　"别着急宝贝，只要天气好，日照足，等上一周就能吃了。"

　　"妈妈，我好期待啊！"

自制美味腊肉

逗逗看着阳台上挂着一条条腌制的腊肉很是好奇。

"妈妈，为什么这些肉颜色这么深啊？"

"因为它们经过了处理，上了颜色，这样就不会坏掉，而且很有滋味啊。"

"妈妈，这颜色好漂亮，好有食欲，我好想吃啊，什么时候能吃呢？"

"别着急宝贝，只要天气好，日照足，等上一周就能吃了。"

"妈妈，我好期待啊！"

制作材料

主料：猪肉 1000 克

辅料：红酒 2 勺，白酒 2 勺，水适量

调料：粗盐 2 勺，香料适量，生抽 3 勺，老抽 3 勺，冰糖 80 克

制作步骤

1. 将猪肉洗净稍事晾干后切成条状或者块状，用粗盐均匀地抹在猪皮、猪肉两侧，将抹好盐的猪肉放入事先准备好的干净盆子里，一层层码放好，放在阴凉处放置 3 天，期间每天给猪肉翻翻身重新码放好即可。

2. 锅中坐水，加入八角、桂皮、肉蔻、香叶等平时大家炖肉用的香料，以及老抽、生抽、冰糖一起煮至香味都进入水中后放凉备用。

3. 将用盐腌制好的猪肉放入事先准备好的坛子里，逐层码放好。

4. 将步骤 2 中的水里加入适量的红酒拌匀后倒入坛子中，最好是将肉全部没过。

5. 盖上坛子盖浸泡 4 天。

6. 将肉取出挨个穿上绳子。

7. 将穿好绳子的肉挂在阳台上，我是挂在晒衣竿上晾晒出油。

Tips

① 白酒最好选用高度白酒，我用的是老爸的枸杞酒。

② 选肉要选肥肉稍厚点的，层次多点的五花肉。

③ 腌制过程中隔天要将肉翻翻身，让作料更加入味。

④ 北京的天气干燥，因此风干 5 天就差不多了，南方潮湿时间要长些。

⑤ 吃的时候要先将整条肉放入高压锅加水压 10 分钟，然后可切成片状码放好了上蒸锅蒸制 10 分钟，再食用。

宝贝爱吃 23

粉蒸肉是地道的南方菜肴。儿子第一次吃到粉蒸肉是在2岁时跟着姥姥和妈妈回到湖北老家，参加姥姥同事的喜宴时。儿子不吃肥肉，但是这道菜里的五花肉混合了香料还有米粉，所以他完全没有尝出油腻感来，还美美地吃了好几块，最后连装粉蒸肉的竹屉上残留的一些米粉都用勺挖着吃光光了。

回家后，我去超市买了一包米粉准备自己也做一回粉蒸肉试试看。我认真地上网查找了资料，将做法一一记录下来，就开练了。因为喜欢玫瑰腐乳的味道所以特意加入了里面的酱汁调味。为了解油腻，还特意买了新下来的小土豆切成厚片铺在肉片下面，既起到吸收油脂的作用，同时也很入味，口感超好。

儿子放学回家一进门就说闻到一股熟悉的香味，打开蒸锅盖一看就笑了。他知道这是粉蒸肉，就赶紧洗手盛饭开吃了。

好吃不腻的
南乳粉蒸肉

粉蒸肉是地道的南方菜肴。儿子第一次吃到粉蒸肉是在 2 岁时跟着姥姥和妈妈回到湖北老家，参加姥姥同事的喜宴时。儿子不吃肥肉，但是这道菜里的五花肉混合了香料还有米粉，所以他完全没有尝出油腻感来，还美美地吃了好几块，最后连装粉蒸肉的竹屉上残留的一些米粉都用勺挖着吃光光了。

制作材料

主料：五花肉 1 块，土豆 3 个，蒸肉米粉 1 包，玫瑰腐乳汁 2 大勺

辅料：水适量，生菜适量，小香葱适量

调料：生抽 2 小勺，老抽 2 小勺

制作步骤

1. 将五花肉洗净，土豆去皮备用。

2. 将五花肉切成约 3 毫米厚的薄片，土豆切片。

3. 腐乳汁、生抽和老抽混合成料汁。

4. 将五花肉放入料汁中抓匀静置 30 分钟入味。

5. 将米粉倒入五花肉中加入少许水抓匀。

6. 将土豆片摆入蒸笼中铺平。

7. 将五花肉摆在土豆片上码好。

8. 大火蒸 40 分钟。

Tips

① 肥瘦相间的五花肉，最适合做粉蒸肉。

② 如果没有腐乳汁也可以不用，有生抽和老抽入味即可。

③ 除了土豆，也可以用梅干菜或者别的蔬菜来替代。

宝贝爱吃 24

　　红烧排骨是逗逗姥姥的拿手私房菜。每次逗逗想吃排骨时，姥姥就做这道红烧排骨。话说姥姥做这道菜是有小窍门的。要问窍门是什么，那就让逗逗告诉你吧。

　　"姥姥，为什么排骨不用压力煲还能这么烂啊？"

　　"因为我在煮排骨的汤汁里加了话梅啊。它能让肉更容易软烂，跟用山楂的效果一样。"

　　"姥姥，为什么排骨这么有滋味啊？我连最后的汤汁都想泡饭里，好香！"

　　"因为排骨在煮的过程中肉脂的香味都进到了汤汁里，所以最后收汁后的那一点汤汁非常香。"

　　"姥姥，那为什么排骨红亮亮啊，颜色这么好看？"

　　"因为最后收汁之前我加了白糖，用它炒出了糖色，包裹在排骨身上，让吃了酱油的排骨变得更加红亮亮。"

　　"姥姥真棒，做啥都有窍门啊！"

　　嘿嘿，听了他们俩的对话，你是不是对如何做好红烧排骨有了新的了解呢？

红烧排骨

"姥姥，为什么排骨这么有滋味啊？我连最后的汤汁都想泡饭里，好香！"

"因为排骨在煮的过程中肉脂的香味都进到了汤汁里，所以最后收汁后的那一点汤汁非常香。"

"姥姥，那为什么排骨红亮亮啊，颜色这么好看？"

"因为最后收汁之前我加了白糖，用它炒出了糖色，包裹在排骨身上，让吃了酱油的排骨变得更加红亮亮。"

"姥姥真棒，做啥都有窍门啊！"

制作材料

主料： 肋排 750 克，话梅 3 粒

辅料： 水适量，小葱少许

调料： 红烧酱油 1 大汤勺，白糖 2 小勺，生姜 5 片

制作步骤

1. 肋排切小块后用清水洗净放入锅中，加入足够的水，水要完全淹没排骨，水沸后将血沫去掉。

2. 锅中加入一大汤勺的红烧酱油。

3. 加入话梅和生姜片盖上锅盖大火煮。

4. 煮至排骨露出水面后改中火，打开锅盖继续煮。

5. 水收到还剩原来的 1/3 时加入白糖。

6. 锅中开始出现很多泡泡时开始翻炒。

7. 翻炒至快要收汁时关火。

8. 炒好的排骨汤汁浓稠。

9. 出锅装盘，将切好的小葱撒在上面做装饰即可。

Tips

① 排骨加入清水煮沸后，需要将表面的血沫去掉。

② 加入红烧酱油而不是老抽，因为老抽上色太深。

③ 加入生姜片是为了去腥，夏季时可加入话梅，让口感酸甜。

④ 排骨煮至加入白糖的阶段需要20分钟。

⑤ 加入白糖是炒糖色，让排骨色泽红软鲜艳。加入白糖后就要开始翻炒，如果不翻炒，容易糊锅底。

宝贝爱吃 25

那年中秋跟国庆正好赶到了一块，所以我们临时决定去东北看逗逗的爷爷奶奶，跟他们一起过节。

东北菜中大家印象深刻的就是小鸡炖蘑菇、锅包肉、猪肉炖粉条之类的。这天我们去了一家店吃"杀猪菜"，一桌菜上齐后，逗逗挨个尝了一遍，最后他的筷子就停在了锅包肉上了。那一盘子锅包肉他几乎都承包了。

回到北京他还经常跟我说起这道菜。我也就上了心了，于是自己买了肉回家试验了一次，但是效果不理想。逗逗吃了一口，瘪了瘪嘴："妈妈，这不是锅包肉，我不喜欢吃。"唉，看来看似容易的东西也未必容易啊。于是，我就放弃了做这道菜的念头。

有一次，我看电视正好看到一个美食节目，主持人来到一个东北人的家里，主人现场教大家制作地道的东北锅包肉。看到这里，我眼前一亮，赶紧拿来纸和笔，原原本本记录下来。

又到周末了，我按照笔记购买了食材，然后认认真真又做了一次锅包肉。

逗逗在广场玩够回家，一路喊着饿就跑进了厨房。

"妈妈，妈妈，我饿了，有什么好吃的？"

东北锅包肉

有一次，我看电视正好看到一个美食节目，主持人来到一个东北人的家里，主人现场教大家制作地道的东北锅包肉。看到这里，我眼前一亮，赶紧拿来纸和笔，原原本本记录下来。

又到周末了，我按照笔记购买了食材，然后认认真真又做了一次锅包肉。

"当当当当！锅包肉，怎么样，喜欢吧？"

"啊，又是这个，我不吃了。"

"再给妈妈一次机会嘛，就一口，不好吃，以后妈妈再也不在家做这个了，好不？"

"那好吧，我就吃一块哈。"

逗逗拿起筷子慢悠悠地往嘴里塞了一块锅包肉，我盯着他的脸，一动不动地看着他的反应。突然，他又伸筷子夹了一块放嘴里，然后，他不说话，从我手里接过盘子自己跑餐桌那边吃去了。

嘿嘿，小样，吃出滋味来了。成功！

制作材料

主料：里脊肉一条，淀粉 50 克，水 60 克

辅料：油适量

调料：醋 1 勺，糖 15 克，酱油 1 勺，五香粉 6 克，黑胡椒粉 3 克，盐 3 克，葱 1 根，姜半块，蒜 3 瓣

制作步骤

1. 将里脊肉切成比平时炒肉时稍厚些的肉片，用盐腌制。

2. 将肉片两面均匀地蘸上干淀粉。

3. 调制淀粉糊，向淀粉中加入水，拌匀后加入少量的色拉油。

4. 调制汤汁，将醋、糖、酱油、五香粉、黑胡椒粉、盐混合均匀。

5. 将裹着干淀粉的肉片放到拌好的淀粉糊中再打个滚。

6. 然后锅中放油，油七分热就将肉片下锅炸至金黄色出锅。

7. 将炸好的肉片盛出备用。

8. 锅中倒入少量的油，然后加入葱、姜、蒜一起翻炒出香味。

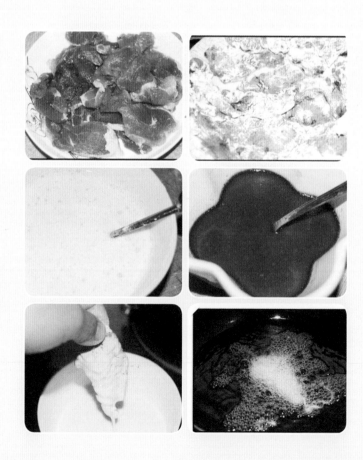

9. 将肉片放入锅中，接着倒入调味汁快速翻炒，出锅前沿着锅周边倒入适量事先拌好的淀粉汁勾芡，然后就出锅了。

Tips

① 做锅包肉的肉最好是选用里脊肉，这种肉在烹饪过程中不易老，可以保持肉质的鲜嫩，比如做醋溜肉片时也可以用这种肉。

② 做这道锅包肉时，首先应该将肉片两面扑上干淀粉，这样做可以保证之后裹湿淀粉时不至于粉过于薄，炸制后的外皮口感更酥脆。

③ 在加入调味汁时可以换成西式做法，就是先在锅中加入少量的油，然后加入适量的番茄酱，炒熟后加入葱、姜、蒜末，然后加入少量水，让番茄酱化开成为番茄汁，此时倒入锅包肉。因为番茄酱里本身有盐，所以翻炒几下出锅就行。这个更加适合小朋友的胃口哦。

宝贝爱吃 26

逗逗从小就喜欢吃猪蹄。每次到餐厅吃饭，酱猪蹄都是必点的一道菜。猪蹄的胶原蛋白含量很高，所以，理所当然成了我和逗逗的共同爱好。话说烧猪蹄味道最好的莫过于姥姥做的"南乳烧猪蹄"了。这可是姥姥的私房菜，每逢过节，姥姥都会露一手，做这道拿手菜。

逗逗每次馋猪蹄了就在姥姥跟前磨叨："姥姥，好久没吃猪蹄了。"

"你是不是又馋了？"姥姥笑着说。

"我就喜欢吃姥姥做的猪蹄。"

"得嘞，今天就给你做。"

这不，姥姥特意带着逗逗去了趟家乐福，买了新鲜的猪蹄回来。洗净去毛，就开工了。

我也跟着享福了，中午美美地吃到了南乳烧猪蹄，太下饭了。

南乳烧猪蹄

逗逗从小就喜欢吃猪蹄。每次到餐厅吃饭，酱猪蹄都是必点的一道凉菜。猪蹄的胶原蛋白含量很高，所以，理所当然成了我和逗逗的共同爱好。话说烧猪蹄味道最好的莫过于姥姥做的"南乳烧猪蹄"了。这可是姥姥的私房菜，每逢过节，姥姥都会露一手，做这道拿手菜。

制作材料

主料：猪蹄 1000 克

辅料：水适量

调料：盐 2 克，老抽 1 勺，生抽 1 勺，大料 5 个，桂皮 1 个，玫瑰腐乳汁 2 勺，砂糖 1 勺，
生姜 1 个，小香葱 2 根

制作步骤

1. 生姜洗净去皮切片。

2. 小香葱洗净切碎备用。

3. 猪蹄洗净去毛。

4. 锅中坐水，放入猪蹄。

5. 水沸后去掉血沫。

6. 将除砂糖和小香葱之外的调料加入锅中再次
   煮沸。

7. 将猪蹄和汤汁一起倒入压力锅中压 40 分钟。

8. 将猪蹄和汤汁倒回锅中，加入砂糖翻炒至收
   汁就可以出锅。

9. 撒上小香葱，完成。

Tips

① 猪蹄买回来如果有猪毛，一定要先剃掉猪毛。

② 猪蹄如果不用压力锅压制，只用锅煮，时间会很长；但时间要控制好，不能太长，否则就会脱骨。

宝贝爱吃 27

儿子的班级正在准备校级舞蹈选拔赛。班主任是位典型的川妹子，对于家乡的乐曲很是钟爱，所以选了一首民谣作为伴奏曲目，很用心地给孩子们排了一段舞蹈。儿子的扮相是一只可爱的大螃蟹，穿着学生家长自制的螃蟹道具，在舞台上表演得有模有样，很是投入，演出很成功，直到回家还津津乐道。

周末了，上一趟大市场买食材，恰巧看到了新鲜的螃蟹。每年的9月到11月都是吃螃蟹的好季节。入秋了，膏蟹肥美，于是买了几只回家。一直以来家里制作大闸蟹都是清蒸，可是儿子一直对这个清蒸的螃蟹不感冒，说得再好，他也不碰。前两天姥姥看着大葱不错，多买了些回来放在家里慢慢吃，看到了大葱，我突然想到冰箱里还有一袋韩式烤肉酱没用，于是想给大家换个口味来吃吃，就做了这道"韩式酱爆大闸蟹"。螃蟹端上桌时，儿子问我："妈妈，这是什么？"我说是螃蟹，他很好奇螃蟹怎么变了个样，于是尝了一块。感觉有滋味，他很喜欢，又放开了吃了好几块。看来不是孩子挑食，是要做对口味啊！

韩式酱爆大闸蟹

　　前两天姥姥看着大葱不错，多买了些回来放在家里慢慢吃，看到了大葱，我突然想到冰箱里还有一袋韩式烤肉酱没用，于是想给大家换个口味来吃吃，于是做了这道"韩式酱爆大闸蟹"。螃蟹端上桌时，儿子问我："妈妈，这是什么？"我说是螃蟹，他很好奇螃蟹怎么变了个样，于是尝了一块。感觉有滋味，他很喜欢，又放开了吃了好几块。看来不是孩子挑食，是要做对口味啊！

制作材料

主料： 大闸蟹 3 只，韩式烤肉酱

调料： 葱 1 根，辣椒 5 个，花椒适量，醋 1 勺，料酒 1 勺，辣椒酱 1 勺

制作步骤

1. 大闸蟹用水冲干净备用。

2. 将大葱切丝。

3. 干辣椒和花椒洗净备用。

4. 烤肉酱、醋、料酒及辣椒酱拌匀调成料汁。

5. 大闸蟹从中间一切为二备用。

6. 螃蟹腿单独放置。

7. 锅中放入色拉油，油热后放入干辣椒和花椒炸香后捞起。将葱放入锅中爆炒，然后加入大闸蟹一起翻炒，炒至螃蟹壳红了，就倒入事先调好的汁一起炒。

8. 翻炒至入味后出锅即可。

Tips

① 螃蟹一定要选购新鲜的、活的螃蟹，否则很可能会吃出问题来。

② 酱爆螃蟹时，必须先将螃蟹"大卸八块"，这样更入味。

这道菜是北京电视台《快乐生活一点通》栏目组来我家录制一期年菜系列的美食节目时，我制作的美食。说起这道菜，还有一个小故事。过年时，鱼是中国人餐桌必不可少的重要食材。我家老大小时候不爱吃鱼，蒸鱼、煮鱼或是红烧他一概不沾，后来有一次去到他最喜欢的一家老北京炸酱面馆吃饭时，我点了一道黄花鱼，他竟然吃得津津有味。回家后，我就细细琢磨这道菜的特点、用料和制作工艺。刚开始的时候总觉得海鱼的腥味比较重，所以选择加料酒后焯一遍水倒掉再煮鱼，结果发现腥味没有解决，而且鱼很难定形。然后，我就改为花雕酒腌制然后先炸定形，再加水煮鱼。虽然腥味解决了但是总觉得口感有点柴，肉质不嫩，蔬菜等作为配料的食材也发干。后来，一次在看妈妈做卤罐时，从她在里面放入一大块五花肉受到了启发，我就想炖鱼时也加入肉丁，这样鱼和蔬菜等食材都能吸入一定的油脂，口感会不会就丰满些。果不其然，当我加入了肉丁一起炖鱼之后，鱼肉的口感鲜嫩了，蔬菜也可口了。就这样我终于复刻出来了这道菜品。虽然未必是一模一样的，但是儿子爱吃就说明成功了。自那以后，这道煎烧黄花鱼就成为了我家私房菜品中的一员。过年时做这道菜，我将它取名为"吉庆有余富贵来"，寓意吉祥，为新年讨个好彩头。

煎烧黄花鱼

那天电视台来录制节目时，逗逗跟爸爸去训练了。中午回到家正好赶上拍摄收尾，录制组的工作人员看到逗逗就让他出镜接受一下采访。先让他尝了一下鱼口感如何，然后问他："味道怎么样？"逗逗吃上一口就停不下来了，头都不抬一个劲地说："好吃，好吃！"逗得摄制组的工作人员们哈哈大笑。

那天电视台来录制节目时，逗逗跟爸爸去训练了。中午回到家正好赶上拍摄收尾，录制组的工作人员看到逗逗就让他出镜接受一下采访。先让他尝了一下鱼口感如何，然后问他："味道怎么样？"逗逗吃上一口就停不下来了，头都不抬一个劲地说："好吃，好吃！"逗得摄制组的工作人员们哈哈大笑。

制作材料

主料： 黄花鱼 1 条，五花肉 60 克，胡萝卜 20 克，土豆 20 克，冬笋 20 克，豌豆 20 克

辅料： 红彩椒 1 个，黄彩椒 1 个，西兰花 1 棵，花雕酒 1 勺，水适量，油适量

调料： 生姜 10 克，大葱 20 克，香葱 2 根，黄豆酱 2 勺，大料 3 个，盐 1 小勺，醋 1 勺，冰糖 10 克

制作步骤

1. 五花肉切块备用。

2. 将土豆、胡萝卜、彩椒、冬笋切丁，小葱切细，其余食材洗净备用。

3. 黄花鱼去内脏洗净开背，然后用花雕酒和盐腌制 10 分钟。用厨房纸将处理干净的黄花鱼两面吸水，将鱼身两侧切花刀备用。

4. 将生姜切片干锅时涂抹在锅内壁。

5. 锅内倒入些许油开火加热。

6. 放入黄花鱼，大火煎鱼。

7. 将鱼的一面煎至金黄，鱼皮定形，翻面将另一面继续煎至鱼皮定形。

8. 鱼盛出放入盘中备用。

9. 锅洗净后倒入少许油，放入大葱、生姜片煸出香味。

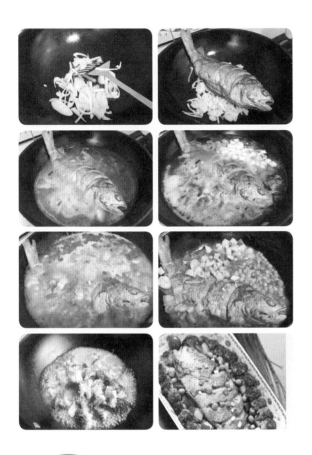

10. 放入肉煸炒变色后放入鱼。

11. 加入水没过黄花鱼开始煮。

12. 加入黄豆酱、醋、大料、土豆。

13. 倒入胡萝卜、冬笋一起煮熟。

14. 快要收汁前加入豌豆和冰糖，接着煮至汤汁极少时关火出锅。

15. 锅中倒入适量水，加入少量油和盐煮沸后下入西兰花和豌豆，一起煮熟。熟后捞出沥水。将西兰花摆放在鱼的四周，撒上豌豆、彩椒和葱花作装饰即可食用。

Tips

① 鱼去腥的窍门就是事先用花雕酒腌制。

② 煎鱼不破皮的小窍门：一是用厨房纸将鱼身上的水吸走；二是干锅时在锅内涂抹生姜片，让姜汁留在锅壁上；三是油热后再将鱼放入锅中。

③ 想让海鱼肉质鲜嫩可口，可以一起加入五花肉来炖煮。

宝贝爱吃 29

最近逗逗看了一部动画片，名字叫做"哪吒闹海"。逗逗被故事中性格耿直、天真烂漫、不惧强权的小哪吒个性所吸引。小哪吒因看不惯三太子抢掠百姓、残害儿童的做法，义愤填膺，挺身而出，打死三太子又抽了他的筋。东海龙王得知此讯勃然大怒，降罪于哪吒的父亲，随即兴风作浪，口吐洪水。小哪吒不愿牵连父母，于是自己剖腹、剜肠、剔骨，还筋肉于双亲，借着荷叶莲花之气脱胎换骨，变作莲花化身的哪吒，后来大闹东海，砸了龙宫，捉了龙王。人们借助这个神话故事，寓意对造成水害的龙王——最高封建统治者——"真龙天子"的怨恨。

逗逗看到龙王大怒派出虾兵蟹将来捉拿哪吒的情节时，忍不住对我说："这龙王不分对错好坏，就派来小鱼小虾对付哪吒，还好哪吒本事大，对吧，妈妈？"

"嗯嗯，哪吒本就不是普通凡人出身，所以，天生有一身好本事。"

"这些个虾兵蟹将真是讨厌，以后什么鱼啦、虾啦、螃蟹啦，我都要通通吃光光，让他们还敢欺负哪吒，哼！"

"噢，你肯吃，妈妈就肯做，这还不好嘛。今天咱们吃鱼好不？"

"嗯嗯嗯，吃，我吃鱼。"

没想到儿子正义感还挺强，小小年纪也是看不惯人被欺负的。看来正义感都是

孔雀开屏

逗逗看到龙王大怒派出虾兵蟹将来捉拿哪吒的情节时，忍不住对我说："这龙王不分对错好坏，就派来小鱼小虾对付哪吒，还好哪吒本事大，对吧，妈妈？"

"嗯嗯，哪吒本就不是普通凡人出身，所以，天生有一身好本事。"

"这些个虾兵蟹将真是讨厌，以后什么鱼啦、虾啦、螃蟹啦，我都要通通吃光光，让它们还敢欺负哪吒，哼！"

"噢，你肯吃，妈妈就肯做，这还不好嘛。今天咱们吃鱼好不？"

"嗯嗯嗯，吃，我吃鱼。"

人天生骨子里带来的，并不需要父母刻意去说教。

今天就做了一道"孔雀开屏"。小时候一到过节妈妈就会给我们做这道清蒸鳊鱼，因为形似孔雀张开的尾巴所以取名为"孔雀开屏"。清蒸最能保持鱼的鲜美，而火候和时间是关键。上汽之后蒸5分钟即可出锅。这是妈妈的秘诀。

制作材料

主料： 鳊鱼 1600 克，色拉油 1 大勺

调料： 盐 1 勺，生姜 5 片，大葱 20 克，蒸鱼豉汁 2 勺，味噌 1 勺，香油几滴

制作步骤

1. 鳊鱼洗净沥水。

2. 将鳊鱼去头去尾，然后从头部开口处伸手进去将内脏取出，并将肚子两侧的黑色部分剔除干净。

3. 将鱼身子间隔 6 毫米切开但不能切断。

4. 盘子里铺放切好的生姜和大葱。切好的鱼用盐稍稍在两侧抹一点，然后依次摆开呈圆形放在盘子上。

5. 将味噌放入蒸鱼豉汁中拌匀做调料。

6. 将鱼淋上调料后放入蒸锅，大火上汽 5 分钟即可出锅。

7. 锅中倒入 1 大勺色拉油烧热。

8. 将烧热的油直接淋在出锅的鱼身上，然后少许香油即可食用。

Tips

① 鱼肚子里面两边都有黑色的东西，处理时一定要用刀背轻轻刮掉。

② 吃这道菜时，鱼肉最好蘸着盘子里的汤汁一起吃，味道更好。

宝贝爱吃 30

逗逗对鱼虾之类不太感冒。一次去餐厅吃饭，我点了海白虾两吃。当这道菜被端上桌时，逗逗忍不住把筷子伸向了其中那款炸制的虾中，夹了一块放到嘴里尝了尝。哦，可能是吃对味了，他又夹了一块吃完了，跟我说："妈妈，其实炸虾也挺好吃的，外面脆脆的，里面嫩嫩的，我喜欢。"难得逗逗说喜欢吃虾，得嘞，回家我也试试。

于是，我买了新鲜的大虾，然后买了酥香炸粉准备开工了。逗逗很好奇地看着我如何处理虾。

"妈妈，你从虾身上扯出来的那条黑色的是什么东东啊？"

"那是虾线，因为很脏所以要先去掉，这样吃着更卫生。"

"那为什么要裹上一层粉呢？"

"因为这样炸出来的虾外皮很酥脆啊。"

"那太好了，我喜欢脆脆的东西，好期待啊。"

看着逗逗期待的眼神，我的动力满满的。不一会儿的工夫，我就处理完所有的虾，然后裹上粉就下锅开炸了。

香酥脆皮炸虾

"妈妈，你从虾身上扯出来的那条黑色的是什么东东啊？"

"那是虾线，因为很脏所以要先去掉，这样吃着更卫生。"

"那为什么要裹上一层粉呢？"

"因为这样炸出来的虾外皮很酥脆啊。"

"那太好了，我喜欢脆脆的东西，好期待啊。"

看着金黄色的炸虾出锅了，逗逗高兴地拍着手喊道："吃炸虾咯！"

孩子的幸福有时候就是这么简单。

制作材料

主料： 大虾 500 克，酥香炸粉 100 克，水 75 克，色拉油适量

调料： 柠檬汁几滴，盐 1 小勺

制作步骤

  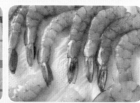 

1. 将大虾去头。

2. 酥香炸粉称出两个 50 克备用。

3. 将大虾去壳去虾线，尾部留住不要丢掉，洗净后用厨房纸吸取多余水分。

4. 将柠檬汁挤出几滴，并加入盐与虾肉拌匀。

5. 将 50 克酥香炸粉加入 75 克水调成面糊。

6. 剩余 50 克酥香炸粉倒入盘中备用。

7. 锅中倒入适量的色拉油加热。

8. 将虾肉先裹上盘中的干粉。

9. 然后再包裹一层步骤 5 中的面糊。

10. 油热后，将大虾放入其中炸至两面金黄即可出锅。

Tips

① 虾一定要先去虾线。

② 虾的尾部一定不要去掉，这样方便炸定形。

③ 如果害怕刚出锅的炸虾很油腻，可以先放到厨房纸上，不烫时再装盘上桌。

宝贝爱吃 31

圣诞节就要到了，我带儿子去看电影。当他看到影片中小主人公坐在餐桌旁，餐桌上摆放着各式美食，其中在最中间的位置有一盘金黄诱人的烤鸡，儿子忍不住说道："那一定很香啊！"看着儿子馋嘴的模样，我忍不住想给儿子做一次烤鸡。

周末带儿子来到大市场选购食材。光是肉是不行的，为了荤素搭配，我又买了一些蔬菜，比如胡萝卜、土豆、洋葱之类的，然后回家认认真真清洗干净了就按照之前找好的配方，用各种香料将鸡腌制一下，让香味渗入鸡肉中。

将各种果蔬切丁塞入鸡的身体里，剩余的就铺在身下，最后就是烘烤了。儿子迫不及待地趴在烤箱旁的台面上，眼睛一动不动地盯着烤箱门，看着里面的各种变化。鸡皮的颜色由乳白色变成了金黄色再到焦黄色，慢慢地，烤箱里面飘出了一股肉香，还有混合着蔬菜水果的自然香味。儿子说："我等不及了，好饿啊！"

当烤鸡出炉的那一刻，儿子赶紧跑到厨房的碗柜里拿出自己的碗和筷子等在一旁。看着儿子吃得美滋滋的样子，我也仿佛看到了世间最美的美味了。

果蔬烤鸡

　　儿子迫不及待地趴在烤箱旁的台面上，眼睛一动不动地盯着烤箱门，看着里面的各种变化。鸡皮的颜色由乳白色变成了金黄色再到焦黄色，慢慢地，烤箱里面飘出了一股肉香，还有混合着蔬菜水果的自然香味。儿子说："我等不及了，好饿啊！"

　　当烤鸡出炉的那一刻，儿子赶紧跑到厨房的碗柜里拿出自己的碗和筷子等在一旁。看着儿子吃得美滋滋的样子，我也仿佛看到了世间最美的美味了。

制作材料

主料： 三黄鸡 1 只，胡萝卜 2 根，土豆 100 克

辅料： 苹果 1 个，洋葱 1 个，色拉油 30 克

调料： 迷迭香 15 克，罗勒 5 克，大蒜 20 克，胡椒粉 10 克，盐 10 克

制作步骤

1. 鸡去头去尾洗净用牙签在身上戳小孔。

2. 迷迭香、罗勒和大蒜洗净备用。

3. 将香料切碎加入盐、胡椒粉和油拌匀。

4. 用毛刷将调料刷在鸡身上然后套入保鲜袋中，放入冰箱冷藏入味一晚。

5. 水果和蔬菜洗净沥水。

6. 将水果蔬菜切丁。

7. 在果蔬中加入色拉油和盐还有胡椒粉拌匀。

8. 果蔬取一半装入鸡的身体里。

9. 将鸡摆入烤盘，四周铺上剩余的果蔬。

10. 烤箱 200℃，中下层，时间 30 分钟，上色后转 170℃，继续烤 20 分钟即可。

Tips

① 鸡在腌制入味时最好用牙签在身上扎一些小孔。

② 烤鸡过程中如果发现上色不均匀，可以烤到一半时将烤鸡取出，调换一下位置放进去接着烤。

宝贝爱吃 32

儿子小的时候很喜欢吃鸡翅，但是因为牙齿没有长全，面对有骨头的鸡翅总是不好下口，即便是吃，鸡翅上的肉有很多也都因为啃不着而浪费了。每每此时，我都觉得太可惜了，但又没办法责怪儿子，毕竟他还太小了。

后来我在电视上看到了"黄金锤"的做法，深得我心，我就用了这种鸡翅变身黄金锤的做法来给他换个样子做鸡翅，这样他就能轻松吃完一个鸡翅的肉肉了。第一眼看到这道美食时，你是不是也没有想到这是鸡翅呢？如果喜欢，你也一起来试试吧。

魔术鸡翅变身黄金锤

后来我在电视上看到了"黄金锤"的做法，深得我心，我就用了这种鸡翅变身黄金锤的做法来给他换个样子做鸡翅，这样他就能轻松吃完一个鸡翅的肉肉了。第一眼看到这道美食时，你是不是也没有想到这是鸡翅呢？

制作材料

主料：鸡翅 12 个，香酥炸粉 50 克

辅料：水 80 克，面包糠适量

调料：盐 1 小勺，酱油 1 勺，黑胡椒粉 1 小勺，孜然粉 1 小勺，料酒 1 勺

制作步骤

1. 鸡翅洗净备用。

2. 取一个鸡翅，宽处朝上，窄的一端朝下。

3. 将刀深入鸡翅宽处的两根骨头中间。

4. 将两根骨头之间的筋挑断。

5. 然后用刀慢慢将鸡肉从骨头上剥离，将细的那根骨头取出。

6. 剥离的鸡翅肉不要彻底从主骨头上分离，要留出一段距离。鸡翅肉往下外翻，露出里面的肉。

7. 将处理完的鸡翅放入盘中，加入盐、酱油、黑胡椒、孜然粉和料酒抓匀入味，盖上保鲜膜放入冰箱冷藏一小时或者冷藏过夜。

  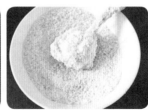 

8. 将鸡翅裹上兑水调匀的炸粉面糊。

9. 空气炸锅中刷一层薄薄的油，放入鸡翅，温度180℃，时间12—15分钟。

Tips

① 制作这道菜时挑选鸡翅中最合适。

② 去除鸡翅中的骨头时，先将两根骨头之间的筋剪断，将其中那根细的慢慢剔除掉；剥离鸡翅肉时到了最后一定不要将肉与主骨头断开，否则就无法成形了。

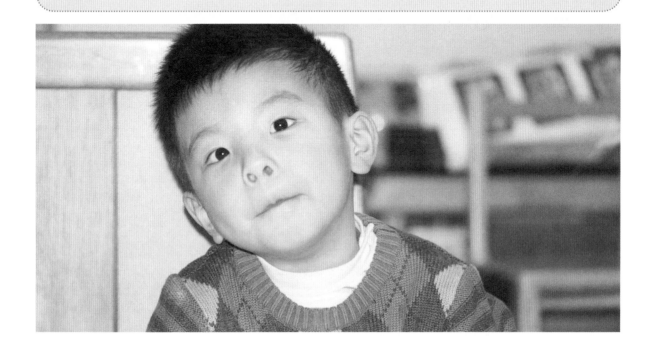

宝贝爱吃 33

要过年了，这些天我们没闲着，带着逗逗挑选新年礼物。家里里里外外打扫卫生，贴春联，粘窗花。

过年少不了大鱼大肉，寒冬少不了羊肉暖身。周末我跟逗逗一起逛市场时，他一眼看到了羊排，于是跟我说："妈妈，好久没吃羊排了，能给我做羊排吗？""当然可以了，今天咱们就吃羊排。"于是，在挑选了一番之后，我们买了一扇小羊排剁成了块装好带回家。当然光有肉也不行，羊肉跟胡萝卜是最佳组合，于是我又买了两根胡萝卜搭配羊排。

北京的冬天室内供暖，穿衣舒适但是难免干燥，吃羊肉最担心就是上火了。之前逗逗吃羊肉就出现了嗓子干、想咳嗽的情况。所以，在我们家做羊肉一定会加上一种材料来搭配，这样吃了不上火。它是什么呢？谜底揭晓：绿豆。每次煮羊肉我都会加入浸泡好的绿豆一起煮，这样可以给羊肉去燥。自从用了这个方法之后，逗逗再也不怕吃羊肉嗓子不舒服了。你也可以试试看噢！

好吃不上火的红烧羊排

　　吃羊肉最担心就是上火了。之前逗逗吃羊肉就出现了嗓子干、想咳嗽的情况。所以，在我们家做羊肉一定会加上一种材料来搭配，这样吃了不上火。它是什么呢？谜底揭晓：绿豆。每次煮羊肉我都会加入浸泡好的绿豆一起煮，这样可以给羊肉去燥。自从用了这个方法之后，逗逗再也不怕吃羊肉嗓子不舒服了。

制作材料

主料： 羊排 500 克，胡萝卜 2 根

辅料： 色拉油适量，绿豆 30 克，洋葱半个

调料： 盐 2 克，酱油 2 勺，大蒜 5 瓣，冰糖 20 克，花椒适量

制作步骤

1. 羊排加入泡好的绿豆煮至变色，焯去血沫。

2. 锅中倒入油烧热，下入洋葱、大蒜和花椒煸香。

3. 加入羊排继续翻炒。

4. 倒入之前的羊汤，加入酱油一起煮。

5. 煮 20 分钟后加入胡萝卜块继续煮10 分钟。

6. 加入几块冰糖煮至收汁。

Tips

① 制作羊肉时加入花椒可以有效去除羊肉的膻味。

② 绿豆并不是一定要加，不同人的体质适合不同的做法，对于像我们家这样容易上火的人来说加入绿豆可以有效避免上火的情况。脾虚的人不建议吃绿豆。

羊肉除了炖煮还能烧烤，总之怎样做都很美味的。这天逗逗看到外面的餐馆开始摆桌露天烧烤了，于是也吵吵着要吃烤肉串。可是成日听到电视里报道关于羊肉串是老鼠肉做的或者鸭肉刷羊油做的，我就很担心卫生问题。想来想去干吗不自己在家做呢，吃了放心还安全？

可是家里没有烤串的炉子怎么办呢？有了，家里有空气炸锅，用它就可以代替炉子做羊肉了。为了增添羊肉的香味，我还特意裹上了芝麻，一出锅，还别说真挺香呢。

逗逗闻着香味就跑来厨房问我："妈妈，什么东西这么香啊？"

"一会吃饭就知道了。"

当我将羊肉端上桌时，逗逗欣喜地说："羊肉粒，我喜欢。"于是大口地吃了起来。

"怎么样，这味道不比外面的羊肉串差吧？"

"嗯嗯，当然了，妈妈做的就是香。妈妈，下次能用扦子串起来吗，那就更像肉串了。"

"好啊！这个容易，没问题的。"看着逗逗一脸满足的样子，我也很开心。

孜然羊肉粒

逗逗闻着香味就跑来厨房问我："妈妈，什么东西这么香啊？"

"一会吃饭就知道了。"

当我将羊肉端上桌时，逗逗欣喜地说："羊肉粒，我喜欢。"于是大口地吃了起来。

"怎么样，这味道不比外面的羊肉串差吧？"

"嗯嗯，当然了，妈妈做的就是香。"

制作材料

主料： 羊腿肉半斤，玉米淀粉适量，烧烤料 2 小勺

辅料： 色拉油少许，大葱半根，生姜几片，芝麻适量

调料： 椒盐 1 小勺，老抽 1 勺，生抽 1 勺，香油几滴，花椒油几滴，孜然 10 克

制作步骤

1. 将羊腿肉洗净用厨房纸吸去多余水分备用。

2. 将羊腿肉切丁备用。

3. 加入调料抓匀，腌制 1 小时。

4. 锅中倒入少许油，放入生姜和大葱，煸出香味。

5. 将羊肉裹上淀粉和芝麻。

6. 将羊肉和煸香的生姜、大葱一起放入刷了油的空气炸锅中焖制，炸锅温度 180℃，时间 12 分钟。

Tips

① 羊腿肉的肉质很嫩，很适合做肉串。

② 羊腿肉至少腌制一个小时方能入味。

宝贝爱吃 35

今天是立秋，按民间说的要贴秋膘。我问逗逗："今天吃点啥肉？"逗逗毫不犹豫地说："我想吃炸肉丸子。"

"天气太干燥了，炸的东西上火，不如吃煮的肉丸子吧，好吗？"

"好呀，只要是肉丸子，我就喜欢吃。"真是无肉不欢啊。

去了菜市场，正好碰到有新鲜的荸荠下来，于是赶紧买了一些。荸荠可以预防感冒，用它煮水喝都很好。在肉馅中加入荸荠既能解腻，又能预防感冒，一举两得。

儿子吃到这个丸子时好奇地问我："妈妈，这里面有什么？为什么吃着还脆脆的啊？"

"你猜猜。"

"刚才妈妈买了羊肉、胡萝卜、葱——"

"还有呢？"

"对了，还有一个黑色的、圆圆的，不知道啥名字的，是它的味道吗？"

"答对了，它的名字叫荸荠。"

"好吃，这丸子吃多少都不觉得腻了，我喜欢。"

嘿嘿，小家伙味觉还挺灵敏的。

浓汤羊肉汆丸子

儿子吃到这个丸子时好奇地问我："妈妈，这里面有什么？为什么吃着还脆脆的啊？"

"你猜猜。"

"刚才妈妈买了羊肉、胡萝卜、葱——"

"还有呢？"

"对了，还有一个黑色的、圆圆的，不知道啥名字的，是它的味道吗？"

"答对了，它的名字叫荸荠。"

"好吃，这丸子吃多少都不觉得腻了，我喜欢。"

制作材料

主料：羊腿肉半斤，胡萝卜半根

辅料：荸荠 8 个，色拉油 1 大勺，鸡蛋 1 个

调料：大葱半根，生姜 3 片，酱油 1 大勺，大喜大牛肉粉 1 大勺，

盐 1 小勺，小葱两根

制作步骤

1. 大葱和生姜切末、荸荠和胡萝卜切丁
   备用。

2. 羊腿肉加入步骤 1 中一起放入料理
   机中打成泥。

3. 加入盐、酱油、胡椒粉和色拉油拌匀。

4. 加入一个鸡蛋顺时针搅拌上劲。

5. 将拌好的肉馅盖上保鲜膜备用。

6. 将小葱切丁备用。

7. 锅中加水煮沸。

8. 倒入牛肉粉拌匀。

9. 将肉馅挨个做成丸子的形状，下入
   锅中。

10. 煮熟后撒上小葱花就可出锅食用。

Tips

① 羊肉最好选用羊前腿肉，老话说"羊前狗后"，这部分的肉质很嫩。

② 荸荠在南方有预防感冒之说，而且在吃完肉食后吃荸荠可以助消化解油腻，所以，肉馅中加入适量的荸荠，既增加口感，也可以减少肉食的油腻感。

③ 搅拌肉馅一定要顺着一个方向，这样肉馅容易上劲，下锅后不会散开。

④ 氽丸子时，我喜欢将肉丸放在手里，从左手摔向右手，然后从右手又摔向左手，操作两个来回后下锅，这样肉馅紧实不会散开，口感也很有弹性。

⑤ 氽丸子一定要水多，而且是沸水下锅，这样丸子容易定形熟透。

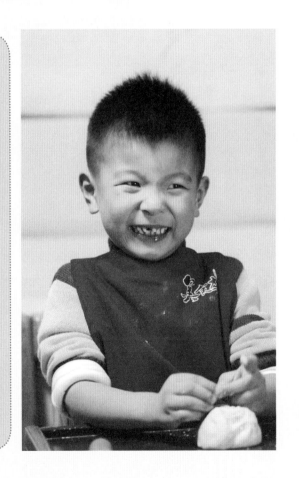

宝贝爱吃 36

逗逗从小学习速滑，每周4次训练，每次3个小时，所以逗逗的运动量很大，体能消耗也很多。平时，为了补充能量，我经常会给逗逗做牛肉吃。土豆炖牛肉、西红柿牛腩、牛排换着样吃。

这天看电视时，偶然看到一位民间高手在教大家制作自己独家秘方，也就是老北京很有名的"月盛斋酱牛肉"。要知道酱牛肉是我的硬伤，总是做不好。要不就是肉散了夹不起来，要不就是肉不烂，嚼不动。看到这个，我赶紧拿出我的小本子将材料和方法一一记录下来。

"妈妈，这酱牛肉看着好好吃啊！"逗逗在一旁看着也馋了。

"放心吧，妈妈都抄下来了，周末就给你做。"

"太好了，我都有点等不及了。"逗逗这小馋猫又嘴馋了。

周末到了，逗逗催着我去买材料，就怕我忘记这事了。我带着他把材料都买齐了，回到家就翻开小本子一一对照步骤开始操练起来。

要说步骤确实简单，只要按照要求放入材料就可以了。剩下的就是耐心等待了。忙活了半天，期间还做了别的菜。中午，将酱牛肉切片，配上蘸料端上桌，逗逗的筷子立马伸过来。这味道真是无法抗拒，逗逗对这个味道赞不绝口。哈哈，又学一招。

真是一招鲜，吃遍天啊！

月盛斋酱牛肉

　　要说步骤确实简单，只要按照要求放入材料就可以了。剩下的就是耐心等待了。忙活了半天，期间还做了别的菜。中午，将酱牛肉切片，配上蘸料端上桌，逗逗的筷子立马伸过来。这味道真是无法抗拒，逗逗对这个味道赞不绝口。哈哈，又学一招。

　　真是一招鲜，吃遍天啊！

制作材料

主料：牛腱子肉 1.5 千克

调料：生姜半块，大蒜 5 个，酱油 2 大勺，黄酱 1 勺，十三香 5 克，老冰糖半块

蘸料：醋 1 勺，蒜泥 5 克，香油几滴

制作步骤

1. 将牛腱子肉洗净切大块，用牙签在肉块上戳很多小孔。

2. 将生姜拍散，生姜切片放入装有牛肉的盆子里，撒上十三香，倒入酱油，抹上黄酱，将除老冰糖外的其他调料和牛肉块抓匀，让牛肉块均匀地裹上作料，盖上保鲜膜，静置 1—2 个小时。我是早上一早弄好了带逗逗去上课，中午回家接着做的。

3. 将锅中坐水，将拌匀佐料的牛肉一股脑倒入冷水中，盖上锅盖开火煮至水快要沸腾时，将表面的血沫子去掉。然后加

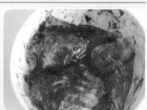

入老冰糖改文火慢炖 40 分钟至快要收汁时起锅。待放凉后切片装盘，配上醋、蒜泥和香油调制的蘸料就能食用了。

Tips

① 酱牛肉一定要选择牛腱子肉，口感更好。

② 牛肉不容易入味，需要事先在牛肉上用牙签扎小洞。

③ 牛肉煮 40 分钟即可，时间短肉不烂，时间长肉就散了不好切了。

④ 这次留下的酱牛肉汤汁就是我们所说的老汤了，放入冰箱冷冻，下次酱牛肉时拿出来加水继续煮牛肉，味道更香。

宝贝爱吃 37

　　我们小时候，没有太多零食可选择，一道可口的美食就能让自己心满意足了。这道土豆青椒是妈妈常给我做的一道菜，因为土豆绵软搭配青椒爽脆，口感极佳。每每妈妈做到这道菜时，我都能就着米饭吃上一盘子，至今念念不忘。

　　一日，逗逗在看我从同事那里借来的《蜡笔小新》系列DVD，看到高兴时，他都忍不住学小新说的调调来上几句。有一段是说小新挑食，不爱吃青椒，妈妈给小新做了有青椒的菜，小新背着妈妈挑出来去喂小白了。逗逗看到这里说道："青椒都不敢吃，真是太不勇敢了。""那你敢吃青椒吗？"我笑着问道，"妈妈小看我，我当然敢吃青椒了。家里有吗？我要吃。"嗬，听这口气，好像他能把全世界的青椒吃光一样。

　　家里还真的没有青椒，于是，我突然想到了我最喜欢的土豆炒青椒。于是，我带着他去了趟菜场，买了新下的小土豆和那种个头偏大、不算太辣的青椒。回家给青椒去籽、切块，然后跟土豆一起爆炒。

　　中午饭菜上桌了，逗逗等不及要尝尝青椒的滋味了。

　　"好吧，既然说了要勇敢，那么不许反悔哦！"

儿时味道土豆炒青椒

有一段是说小新挑食，不爱吃青椒，妈妈给小新做了有青椒的菜，小新背着妈妈挑出来去喂小白了。逗逗看到这里说道："青椒都不敢吃，真是太不勇敢了。""那你敢吃青椒吗？"我笑着问道，"妈妈小看我，我当然敢吃青椒了。家里有吗？我要吃。"嗬，听这口气，好像他能把全世界的青椒吃光一样。

"才不会，看我的。"

他一口咬下去，停顿了一会儿，然后表情就不自然了，但是因为有言在先的缘故，想逞强的他愣是吞了下去。

"还吃吗？"

"嗯，这个，好吧，确实有点点辣，不过没关系，我多吃饭就好了，这个味道我能接受。我们班同学×××跟我说他喜欢吃辣椒，所以，我也能吃。"

好吧，小小男子汉！

制作材料

主料：土豆 500 克，青椒 2 个

调料：大蒜 3 瓣，酱油 1 大勺，盐 1 小勺，小葱少许

制作步骤

1. 土豆去皮和青椒一起洗净备用。

2. 将土豆切成 3 毫米厚的土豆片。

3. 青椒去籽切块。

4. 锅中加入少许油，油热后加入拍碎的大蒜爆香后下入土豆片翻炒。

5. 锅中加入水，水要没过土豆，加入盐后盖上锅盖煮。

6. 煮至快要收汁时加入青椒和酱油一起翻炒。

7. 最后加入小葱翻炒出锅。

Tips

① 想吃面的土豆，最好挑选土豆的表面有麻点点的那种，看着不美观，但是做出来的成品很面很好吃。如果表皮很光洁，这种土豆很适合切丝爆炒或者凉拌，口感脆脆。

② 土豆如果放时间久了就会长绿芽，这个时候需要用小刀将绿芽连带根部一起挖掉，然后再去皮制作，绿芽的部分对身体有害不要食用。

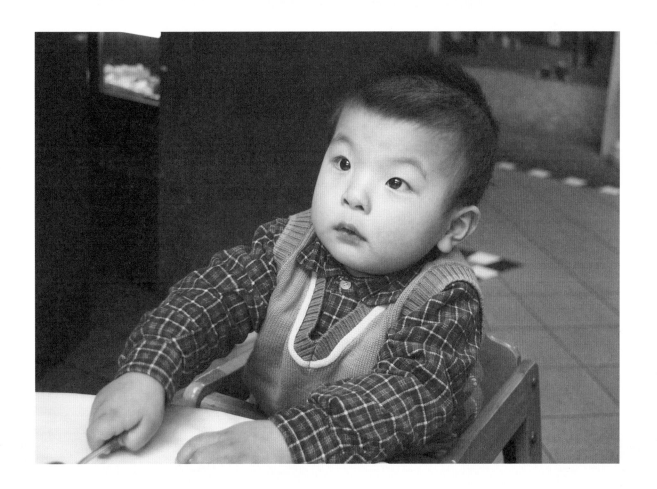

宝贝爱吃 38

　　要说基因强大这话印证在我家儿子和老公身上一点都不假。当初认识老公时，每每去餐馆吃饭，醋溜土豆丝都是他的必点菜品。后来有了儿子，发现自从他可以像大人一样吃饭吃菜时，他居然也很喜欢吃土豆，蒸、煮、爆炒样样都行。只要是土豆就没有他不喜欢的。

　　这天陪儿子在客厅玩耍，电视里正演着一个美食节目，我边陪他拼装积木，边竖着耳朵听着里面大厨做菜的方法。正巧第二道菜说的是土豆，讲的是让炝拌土豆丝清脆爽口的妙招，儿子一看就来精神了，催着我赶紧学。我也不含糊，拿个小本子认真写下了制作要点。看着儿子兴奋不已的样子，我又跃跃欲试了。

　　第二天下班回家路上我就买好了土豆，回到家就操练起来。等菜做好端上桌，儿子就端着饭碗在桌边等着了。看着他先小品一口，然后一手端起盘子一手操起筷子将土豆丝往碗里拨时，我就笑了，这说明对他胃口了。看来勤做笔记这个好习惯还要继续保持啊。

凉拌土豆丝

正巧第二道菜说的是土豆，讲的是让炝拌土豆丝清脆爽口的妙招，儿子一看就来精神了，催着我赶紧学。我也不含糊，拿个小本子认真写下了制作要点。看着儿子兴奋不已的样子，我又跃跃欲试了。

制作材料

主料：土豆 2 个

辅料：干辣椒 1 个，油 2 勺，芝麻适量

调料：盐 2 克，鸡精 1 小勺，醋 1 勺

制作步骤

1. 将土豆洗净去皮擦成丝备用。

2. 锅中坐水，水沸下土豆丝打焯。

3. 将焯好的土豆丝立即放入冷水中拔凉。

4. 将土豆丝控水。

5. 将土豆丝放入盘中，加入盐、鸡精、醋拌匀，然后将碗倒扣在盘子上，给土豆丝定形为圆球顶状。

6. 锅中放入适量的油，油热放入干辣椒和芝麻炸香，然后将油淋在土豆丝上，就可以食用了。

Tips

① 土豆丝不能用水泡，而要直接下锅打焯。

② 打焯后的土豆丝要立即用冷水浸泡 5 分钟，以析出土豆里的淀粉。

③ 淋完热油盖上盖子焖一会儿，可以让辣椒油的香味进到土豆丝中。

宝贝爱吃 39

　　珍珠丸子这名字听着就觉得寓意很好，所以它也是我们老家宴席上必备的一道美食。结婚生子，喜宴上必不可少这道菜肴。逗逗第一次品尝到这道美食还是在3岁那年跟我回老家，参加姥姥朋友的一个喜宴时。当逗逗品尝了一个珍珠丸子后，马上就对这个外面糯糯、内馅香软的小圆球产生了兴趣。他差点忍不住要自己将一盘子的珍珠丸子包圆了。

　　没想到一个土生土长的北京孩子居然对于南方菜这么感兴趣。后来，我向妈妈问到了珍珠丸子的做法，然后回家自己实践。经过几番操练之后，丸子外形非常稳定了。儿子对它真是百吃不厌。所以，这道菜也就成为了我们家过节的当家菜了。

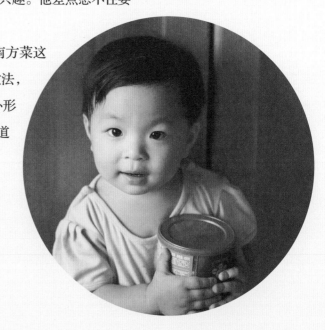

珍珠丸子

逗逗第一次品尝到这道美食还是在 3 岁那年跟我回老家，参加姥姥朋友的一个喜宴时。当逗逗品尝了一个珍珠丸子后，马上就对这个外面糯糯、内馅香软的小圆球产生了兴趣。他差点忍不住要自己将一盘子的珍珠丸子包圆了。

制作材料

主料： 肉馅 250 克，糯米 200 克

辅料： 荸荠 8 个，枸杞几粒

调料： 小葱几根，盐 2 小勺

制作步骤

1. 将糯米浸泡 4 小时以上。

2. 将肉剁馅，小葱切碎，荸荠剁碎，三者混合后加入盐拌匀。

3. 蒸锅中放入屉布。

4. 将肉馅搓成圆球，粘裹上沥水后的糯米，再在顶端各放一粒枸杞，摆进蒸屉中。

5. 大火上汽后蒸 18 分钟即可。

Tips

① 糯米最好选用圆形的，口感更香。

② 糯米至少浸泡 4 个小时，浸泡到用手一捻就碎的程度。

小吃乐园

宝贝爱吃 40

小时候，一入冬，大街小巷就会听到一个熟悉的声音："冰糖葫芦噢，好吃的冰糖葫芦谁买咯！"孩子们一听到这个喊声就会禁不住跑出去看个究竟，当然也少不了让大人给自己买上一串解解馋。

冰糖葫芦有很多种水果，如苹果、香蕉、橘子、山药、黑枣等等，当然最最经典的要数山楂了，酸酸面面的山楂果搭配糖衣，一口下去，酸甜可口。如果想营养更加丰富，那就中间夹一颗核桃仁，一口咬下去，外面脆甜，中间酸软，里面酥香，口感层次丰富，营养也全。冬天里来上这么一串糖葫芦，那叫一个爽歪歪啊！

周末逛市场碰到一个卖糖葫芦的小摊位，逗逗吵着要吃糖葫芦，出于担心卫生问题，我决定现买食材回家开工。逗逗一听说我要自己做糖葫芦，起初不信：

"妈妈，你别吹牛，这东西你又没做过，不是骗人的吧？"

"我几时骗过你，每次答应做给你吃的，妈妈是不是都兑现了？"

"真的吗？那要拉钩钩！"

"拉钩就拉钩，拉钩上吊一百年不许变。"

"太好啦，可以回家自己做糖葫芦咯！"

冰糖葫芦

"妈妈，你别吹牛，这东西你又没做过，不是骗人的吧？"

"我几时骗过你，每次答应做给你吃的，妈妈是不是都兑现了？"

"真的吗？那要拉钩钩！"

"拉钩就拉钩，拉钩上吊一百年不许变。"

"太好啦，可以回家自己做糖葫芦咯！"

逗逗满心欢喜地跟着我在市场买了新鲜的山楂，炒熟还没去皮的核桃，然后一路小跑着就到家了。

逗逗满心欢喜地跟着我在市场买了新鲜的山楂，炒熟还没去皮的核桃，然后一路小跑着就到家了。

回到家，逗逗帮我洗干净了山楂，我给核桃去壳留下仁。然后，我们一起给山楂和核桃穿成串。接着将糖倒入锅中，这就开工了。

逗逗就像等待一场魔术秀一样认真地站在我身边，看着这一个个的山楂核桃串怎么变成晶莹剔透的糖葫芦。当糖熬好了成了琥珀色时，我迅速将串放到糖中打个滚，再立即放到准备好的盘子里降温。就这样一串串漂亮的山楂核桃糖葫芦就做好了。逗逗都等不及要尝尝味道了。当他咬下一大口时，就开心地说："妈妈好厉害呀，真是个美食魔术师啊！"我也开心地跟着他一起吃起来。

制作材料

（10 串冰糖葫芦）

主料：山楂 300 克，核桃 15 个

调料：白糖 200 克

制作步骤

1. 将山楂洗净，核桃去壳。

2. 将山楂拦腰切开。

3. 去掉山楂核。

4. 用竹扦将山楂和核桃串起来，两头山楂中间夹着核桃仁。

5. 锅中倒入糖先小火融化。

6. 然后大火将糖烧至琥珀色后停止加热。

7. 将山楂串放入糖浆中打个滚立即出锅放入盘子里。

Tips

① 除了核桃，中间也可以夹入豆沙馅，都很美味。

② 熬糖熬至琥珀色后要立即停止加热，并且将小锅放在冷水盆上迅速降温一下取出再操作，不然就算停火了，余温还会持续加热糖浆。

宝贝爱吃 41

过年了，备年货，炒干货是其中必不可少的一项，花生、瓜子、板栗一样都不能少。正巧，舅舅家的板栗树丰收了，又快递了一大箱子过来。逗逗是最最喜欢吃板栗的，板栗炖鸡、排骨板栗汤还有炒栗子，怎么吃都行，总之就是一个喜欢。

"姥姥，板栗是从哪里长出来的？"

"板栗是树上结的啊，从一个像刺猬一样的球里蹦出来的。一个个刺猬球挂在树上，成熟后就裂开了，然后摘下来将外衣去掉就看到一个个棕色的板栗了。"

"好神奇啊，像变魔术一样。"

"逗，舅舅送来的板栗你想怎么吃啊？"姥姥问。

"我想吃姥姥做的炒板栗，很香很香啊！"逗逗回答道。

"那咱们就炒板栗吃吧。"

姥姥不含糊，将板栗洗干净了，晾晒一会儿，开火入锅炒板栗了。判断板栗熟没熟是有诀窍的，待我一会儿揭晓答案。

炒栗子

"姥姥，板栗是从哪里长出来的？"

"板栗是树上结的啊，从一个像刺猬一样的球里蹦出来的。一个个刺猬球挂在树上，成熟后就裂开了，然后摘下来将外衣去掉就看到一个个棕色的板栗了。"

"好神奇啊，像变魔术一样。"

"逗，舅舅送来的板栗你想怎么吃啊？"姥姥问。

"我想吃姥姥做的炒板栗，很香很香啊！"逗逗回答道。

"那咱们就炒板栗吃吧。"

制作材料

材料：板栗 1 千克，水适量

制作步骤

1. 锅中加入适量的水（没过板栗），
   将板栗洗净放入锅中煮 10 分钟。

2. 板栗盛出，锅里的水倒掉，然后放
   入板栗开始翻炒。

3. 表面的水都炒干了后，改中火继续
   翻炒。

4. 听到板栗表皮炸裂的声音时不时传
   出来就证明快要炒好了。

5. 板栗都炸开一条缝了就炒好了，将
   板栗盛出来放凉。

6. 从裂缝的地方一分为二将壳剥开，
   就能得到整粒的板栗仁了。

Tips

① 先用水煮是给板栗断生，同时水分进入板栗中，防止翻炒时表皮快速焦黑。

② 翻炒过程中听到表皮炸开的声音就说明快要炒好了。

③ 刚出锅的板栗一定不要上口咬，内部的热气突然冲出来会烫伤嘴唇，所以一定要放凉了再吃。

宝贝爱吃 42

　　"八月十五月儿明啊，爷爷教我打月饼啦。"小时候听着这首儿歌就会想起中秋节到了，要吃月饼了。那时的月饼花样很少，但是不论什么口味的都很喜欢，因为过节嘛，要的就是那个气氛。今年的中秋又快来临了，儿子早就吵着要吃月饼了，而月饼里，他最最喜欢的就是蛋黄口味的，无论是蛋黄酥还是广式莲蓉蛋黄月饼，只要有蛋黄他就喜欢。于是今年的月饼季，我第一个做的就是广式莲蓉蛋黄口味的月饼了。这款月饼一口下去，先是软软薄薄的外皮，然后就是糯糯的莲蓉，最后就是沙沙流油的咸蛋黄，由甜到咸齿间留香，口感好极了。儿子吃着我做的月饼一脸的满足，看得我都忍不住要吃掉一块了。

广式莲蓉蛋黄月饼

今年的中秋又快来临了，儿子早就吵着要吃月饼了，而月饼里，他最最喜欢的就是蛋黄口味的，无论是蛋黄酥还是广式莲蓉蛋黄月饼，只要有蛋黄他就喜欢。于是今年的月饼季，我第一个做的就是广式莲蓉蛋黄口味的月饼了。

制作材料

（33 个月饼）

饼皮：普通面粉 390 克，转化糖浆 250 克（砂糖经加水和加酸在合适的温度下煮一定的时间，冷却后即成转化糖浆），碱水 6 克（碱面：水 =1 ： 3），玉米油 90 克

内馅：咸蛋黄 33 个，莲子 400 克，水 720 克，绵白糖 200 克，麦芽糖 100 克，玉米油 100 克

辅料：蛋黄适量，玉米油适量

制作步骤

1. 将莲子提前一天用水浸泡，然后将水倒掉去掉莲子心。

2. 将莲子倒入压力锅，加入水，水刚刚没过莲子即可，然后启动煮饭程序 40 分钟将莲子煮熟烂。

3. 将莲子倒入破壁机中加入少量的水打成顺滑的糊状。

4. 莲子糊倒入锅中稍稍炒出水分。

5. 加入白糖、麦芽糖小火翻炒约 30 分钟至完成水分挥发，莲子糊浓稠抱团不粘锅。

6. 加入玉米油继续翻炒至莲蓉成形即可。做好的莲蓉盖上保鲜膜放入冰箱保存。

7. 生的咸蛋黄喷洒白酒上锅蒸 15 分钟放凉备用。

8. 转化糖浆加入碱水拌匀,然后加入玉米油拌匀。

9. 将面粉倒入步骤8的糖浆中，用橡胶板翻拌均匀做成月饼皮，盖上保鲜膜冷藏放置30分钟。

10. 我做的是75克的月饼，所以将月饼皮分成22克一份，蛋黄一个16—18克，莲蓉馅与蛋黄一起称重53克一份。

11. 用莲蓉包裹蛋黄搓成球状。

12. 将月饼皮按扁成圆形包裹住内馅。

13. 将月饼坯子搓成椭圆球状在熟糕粉里打个滚，拂去表面的明粉。

14. 然后将坯子放入模具中，垂直放到烤盘上刻出成形月饼坯子来。

15. 月饼摆入烤盘，入烤箱前喷水。

16. 烤箱预热175℃，烤6分钟，然后取出刷蛋黄液两遍（蛋黄加入少许水拌匀），继续烤10分钟，出炉放凉后密封保存2—3天回油食用最佳。

Tips

① 这款是 75 克的月饼，如果制作 50 克或者 100 克的月饼，只需要按照皮：馅 =3：7 的比例来计算就可以得出皮和馅的重量了。

② 月饼皮的制作中只需要用按压的方式将面团和匀即可，不要反复地揉面团，这个原理跟制作饼干同理，不要让面团上劲。

③ 咸蛋黄如果觉得腥可以用酒和色拉油浸泡一夜，第二天再用。

④ 月饼坯子在糕粉里打个滚的目的是为了防止月饼坯子与模具粘连，但是一定记得要拂去多余的糕粉，因为如果糕粉太多留在表皮，刻出来的月饼坯子在烤的过程中粉就可能糊化，停留在月饼表皮影响成品外观。

⑤ 月饼在烤制的过程中要注意观察，不同烤箱的温度不太一样，所以温度和时间要自己调整。当烤到表皮成形微微发干时就可以取出了。此时不要立即刷蛋液，等稍稍放凉之后再开始刷蛋黄液为佳。

宝贝爱吃 43

　　说过广式莲蓉蛋黄月饼的做法，再来讲讲另一款经典的蛋黄点心——蛋黄酥。听到"酥"大家一定明白，这是一款起酥的点心，酥皮点心的特点就是一口下去层次分明，表皮酥得掉渣了。

　　做这款点心源于那年去上海出差，回来去机场的路上路过一家大商场，于是想着给儿子买个玩具作为礼物带回家。一层的购物卖场正在进行展销活动，无意中看到了一个漂亮的礼盒，里面就是各种款式的酥皮点心，颜色也很多彩，于是当即买了一盒带回家。儿子很喜欢吃这种酥皮点心，一口气吃掉两大块。所以我就自己琢磨它的做法，后来就有了自制的蛋黄酥。自己买回猪板油熬制成起酥用的酥油，新鲜的咸鸭蛋去壳去蛋清留下黄澄澄的蛋黄，包裹上自己煮熟炒制的红豆沙馅，做成外酥里糯的蛋黄酥。特别是刚出炉的蛋黄酥，一碰都掉渣，那滋味吃了你就知道有多美，所以这款小点心就留在了每年中秋节儿子的美食清单上了。

蛋黄酥

一层的购物卖场正在进行展销活动，无意中看到了一个漂亮的礼盒，里面就是各种款式的酥皮点心，颜色也很多彩，于是当即买了一盒带回家。儿子很喜欢吃这种酥皮点心，一口气吃掉两大块。所以我就自己琢磨它的做法，后来就有了自制的蛋黄酥。

制作材料

（33 个蛋黄酥）

酥油：猪板油一块

油皮：中筋粉 300 克，猪油 110 克，白糖 50 克，水 125 克

油酥：低筋粉 240 克，猪油 120 克

内馅：红豆 300 克，水适量，白糖 60 克，麦芽糖 20 克，玉米油 50 克，咸蛋黄 33 个

制作步骤

1. 猪板油切成 1 厘米见方的小块放入锅中中火熬制出油。

2. 将油盛入无水容器中放凉。

3. 将容器盖上盖子放入冰箱冷藏保存备用。

4. 新鲜咸鸭蛋去壳去蛋清，蛋黄用油和白酒浸泡一夜。

5. 红豆浸泡一夜后用压力煲将其压熟。

6. 将红豆盛入盆中放凉。

7. 将红豆倒入破壁机内加入少许的水打成糊状。

8. 将红豆沙糊倒入锅中，加入白糖和麦芽糖小火翻炒至水分挥发约 30 分钟。

9. 加入玉米油继续翻炒至豆沙抱团即可，放凉盖上保鲜膜备用。

10. 将油皮和油酥材料分别混合成团。

11. 将油皮分割成 18 克一份，油酥分割成 11 克一份。

12. 将油皮擀开。

13. 将油酥包入油皮内。

14. 收口捏紧朝下放置。

15. 将面团擀开成长条。

16. 从上往下卷起。

17. 松弛后再次擀开卷起。

18. 将红豆沙馅分成 25 克一份搓圆。

19. 将豆沙馅包裹住蛋黄。

20. 将豆沙蛋黄馅搓圆。

21. 面团擀开成圆形。

22. 包入内馅。

23. 收口捏紧朝下放置。

24. 将面坯摆入烤盘。

25. 刷蛋黄液撒黑芝麻。

26. 烤箱预热 180℃，中层上下火，烘烤 30 分钟即可。

Tips

① 熬制猪板油要注意，每次当油出来一些后就要及时地将油用勺盛出来放到碗里，不要等所有的油都熬出来了再慢慢盛出，那样的话如果熬的量大，油的颜色会发黄，香味也会打折扣。刚熬好的油是金黄色的液体，等凉透了放冰箱，第二天拿出来一看就是雪白雪白的固体状了。这种猪板油的起酥效果是最理想的，比黄油或者色拉油都要好很多。

② 开酥的过程中一定不要着急。希望层次分明不混酥，首先油皮需要揉出膜来，方式同做面包一样。然后在包裹了油酥之后，每一次擀开之前都要足够的松弛，让面团泄劲，着急操作的话很容易让油皮破了，露出油酥，这样的成品就会出现严重的混酥现象，通俗地讲就是看不到清晰的层次，都粘一块了。

③ 包裹好内馅后收口要捏紧，防止烤的过程中爆开。收口处如果有多余的面皮就揪掉不要，不然成品底部会很厚，影响口感。

宝贝爱吃 44

　　大姑姥姥家住在农村，暑期我带着老大回到老家，顺道去看看大姑姥姥。第一次来到农村，结果车开到田埂上，因为没有路只好徒步前进。这时逗逗的表姨已经迎到了路口，出于喜爱，表姨上前来将逗逗背了起来。就这样一路背着他往家走。

　　中午，饭桌上长辈们酒过三巡开始聊家常，我就带着逗逗出门去玩。因为对这里不熟悉，所以表姨当起了向导，她依旧是主动要背着逗逗到处走。看看家门口养的成群结队的鸡鸭，又去地里拔了新鲜的花生秧，剥开壳就吃到了里面的红胖子。这一切对逗逗来说都是那么的陌生而又充满乐趣。一直往村子里面走，在村子尽头有一个大池塘，平时女人们都会到这里来洗衣服。这个池塘一半被亭亭玉立的荷叶所覆盖。这个季节正是荷花盛开的时候，逗逗看到荷花就高兴地伸手想去够，但是因为胳膊不够长他始终够不到。表姨将他放下，然后挽起裤腿，深一脚浅一脚地走进池塘中。因为害怕水深，所以她只在浅水处摘了一枝荷花还有一片带茎的大荷叶。当她举着荷花和荷叶回到岸上时，逗逗迫不及待地迎了上去。表姨将荷叶戴到逗逗头上当作遮阳的帽子，然后将荷花递给他。逗逗开心地举着荷花跟着表姨回家了。

　　后来回到家，我将这朵美丽的荷花插到装水的瓶子里，突然想到如果能做一款美

荷花酥

我将这朵美丽的荷花插到装水的瓶子里，突然想到如果能做一款美食形似荷花，逗逗一定很开心，于是就有了想做这款荷花酥的念头。原方子最后是将做好的面坯炸制成形，但我担心油炸会上火，所以改成烘烤了。当逗逗看到我端上一盘荷花酥放到餐桌上时，不禁喊了起来："妈妈，这不是荷花吗？"

食形似荷花，逗逗一定很开心，于是就有了想做这款荷花酥的念头。原方子最后是将做好的面坯炸制成形，但我担心油炸会上火，所以改成烘烤了。当逗逗看到我端上一盘荷花酥放到餐桌上时，不禁喊了起来："妈妈，这不是荷花吗？"后来，每逢荷花盛开的季节，逗逗都会让我做这道荷花酥。

制作材料

（12 个荷花酥）

油皮：中筋粉 125 克，糖 15 克，猪油 20 克，水 62 克

油酥：低筋粉 110 克，猪油 55 克

馅料：豆沙 100 克

制作步骤

1. 将油皮和油酥材料分别混合成团，然后各自分成 12 份。

2. 豆沙馅分成 10 克一份搓圆备用。

3. 将油皮擀开包入油酥。

4. 收口捏紧朝下放置。

5. 将面团擀开成椭圆形。

6. 卷起后收口朝下放置。

7. 松弛 10 分钟后再次擀开。

8. 卷起后收口朝下放置松弛 10 分钟。

9. 用手指将中间按扁。

10. 两头朝下往中间收拢，将接口处捏紧。

11. 将面团从步骤 10 擀成圆形，包入内馅。

12. 收口捏紧朝下放置。

13. 将做好的面坯摆入烤盘，刷上蛋液后用刀在表面划出"十字"刀口。

14. 烤箱预热 180℃，中层上下火，时间 20 分钟。

Tips

① 制作酥皮点心时，每次擀开卷起的时候都要足够地松弛，不然容易擀破皮。

② 荷花酥的内馅可以根据自己的喜好来放入。

宝贝爱吃 45

　　一次带老大去动物园玩，一天下来真是疲惫，不过看着老大玩得尽兴也是值了。中午就是在海洋馆的自助餐厅解决的，晚上说什么也要好好吃一顿了。于是开车导航来到一家老北京面馆，老大很喜欢老北京炸酱面，所以选择了这家。除了面条之外这里有很多老北京小吃，我索性点了一个大拼盘。

　　逗逗对拼盘里的这款糯米糍特别感兴趣，他很喜欢椰子味道，外面裹着的一层椰蓉他尤其喜爱。逗逗问我：“妈妈，这个白色的圆球是什么，这么香？”我说："这是糯米糍，用糯米粉做的，里面包着豆沙馅，外面裹着椰蓉。"

　　“真好吃，妈妈，你会做这个吗？”

　　“不会。不过你喜欢吃，我一定努力学会了，做给你吃，好不？”

　　“太棒了，那说好了，你回家一定要给我做哦！”

　　“说话算话，没问题。”

　　回到家，我就赶紧搜配方和做法，综合了一个个方法之后，我尝试了下面的配方，成品很成功。儿子说：“就是这个味儿。”

　　以后，每逢节日儿子都要我做这道饭后小点。

红豆糯米糍

中午就是在海洋馆的自助餐厅解决的，晚上说什么也要好好吃一顿了。于是开车导航来到一家老北京面馆，老大很喜欢老北京炸酱面，所以选择了这家。除了面条之外这里有很多老北京小吃，我索性点了一个大拼盘。

逗逗对拼盘里的这款糯米糍特别感兴趣，他很喜欢椰子味道，外面裹着的一层椰蓉他尤其喜爱。

制作材料

（10 个糯米糍）

主料：糯米粉 130 克，椰蓉 20 克，红豆沙若干，澄粉 20 克

辅料：凉水 90 克，开水 15 克，植物油 25 克

调料：糖 25 克

制作步骤

1. 将糯米粉加凉水和糖搅拌均匀做成面团。

2. 将开水倒入澄粉中和匀后加入到步骤 1 里的糯米粉团中。

3. 将面团分成 10 等份，然后将其中一份拿出来放在手心里压成圆形，做出窝来。

4. 将红豆沙馅包入其中，做成圆形的丸子状。

5. 将做好的丸子放入蒸锅中，上汽后蒸 10 分钟即可出锅。

6. 出锅后的糯米糍趁热放入椰蓉中翻滚几下就可以了，放凉后再吃口感最佳。

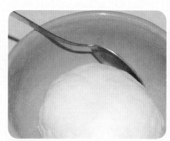

Tips

① 糯米粉加水一定要拌匀，不能有颗粒，否则影响成品口感。

② 内馅换成巧克力馅或者别的口味都行。

宝贝爱吃 46

　　从小到大，一到节假日，电视台就会播放《西游记》。我小时百看不厌，没想到我的儿子对这个也一样，暑假看寒假看，只要电视台播放，他一定会看。

　　元宵节快到了，儿子正在看《西游记》，并且兴致勃勃地拿着买来的金箍棒不时地耍一耍。"妖怪，吃俺老孙一棒。"这句台词成了他的口头禅。孩子真是孩子，没办法，哈哈。

　　一想到元宵节要吃元宵，我就问逗逗："儿子，咱们今年吃啥口味的元宵啊？"逗逗心不在焉地答道："随意了，你做什么我吃什么，总不过就是那几样。"听听这口气，小大人似的，唉！看来今年必须变点花样了。

　　做什么呢？看着儿子看电视那么带劲，突然，灵感闪现，对呀，为什么不做一个跟《西游记》人物有关的元宵呢？首选当然是儿子最爱的孙悟空了。说做就做，我开始上网找孙悟空的卡通图片做参考。做元宵嘛，当然不可能做一个全身的了，头部最能表现人物特点，于是我选择了做孙悟空的脸。在经过了几番尝试和调整后，最后我找到了合适的脸部比例。嘿嘿，儿子心目中的大厨不是白当的。

　　当我端着一盘子可爱的猴子造型的元宵出现在他面前时，逗逗惊喜地从沙发上蹦起来，一个劲地问："我的天哪，妈妈是怎么做出来的啊？"嘿嘿，要的就是这个效果啊。

猴年元宵

做元宵嘛，当然不可能做一个全身的了，头部最能表现人物特点，于是我选择了做孙悟空的脸。在经过了几番尝试和调整后，最后我找到了合适的脸部比例。嘿嘿，儿子心目中的大厨不是白当的。

当我端着一盘子可爱的猴子造型的元宵出现在他面前时，逗逗惊喜地从沙发上蹦起来，一个劲地问："我的天哪，妈妈是怎么做出来的啊？"嘿嘿，要的就是这个效果啊。

制作材料

（10 个元宵）

面团材料：糯米粉 160 克，可可粉 15 克，水 200 克，肉色色素、橘黄色色素各 1 滴

内馅材料：红豆沙

制作步骤

1. 取 100 克糯米粉和可可粉混合过筛。

2. 将步骤 1 的材料加入 100 克温热水混合揉成团，也就是可可面团。再取 50 克糯米粉加水和肉色色素揉成团。最后取 10 克糯米粉加橘黄色色素和水揉成团。

3. 将可可面团分成 20 克一份，肉色面团分成 3 克一份，再取少量可可面团为做耳朵和嘴备用，橘色面团取少量备用。

4. 将可可面团包入红豆沙做馅。

5. 将面团搓圆后微微整形成椭圆形。

6. 将肉色面团搓圆按扁贴在可可面团上，用刀背修出猴子的脸型。

7. 将可可面团和肉色小面团做出耳朵。

8. 可可小面团做出眼睛和嘴。

9. 橘色面团做出红脸蛋。

10. 上汽后蒸6分钟即可。

Tips

① 制作这款元宵脸部比例很重要，无论你喜欢哪款人物形象，只要你能准确把握住外形特征和比例，那么都能做出你想要的效果来。

② 内馅可以根据喜好来选择。

宝贝爱吃 47

核桃补脑，这个已经是大家的共识。儿子很小的时候就很喜欢吃核桃，他还知道说："妈妈，吃核桃补脑对吧，那我多吃核桃是不是就会变得很聪明？"我说："这是当然了。"所以，每到产核桃的季节我都会买核桃来吃。这天在公园对面的菜场外，来了一辆平板车，车板上堆满了新鲜带皮的核桃，我就动心了，买了几斤回家。

这是儿子第一次看到没有去皮的核桃，很好奇地拿了一个仔细摆弄着，还喃喃细语："核桃原来长这样啊，像个小梨子。"当我把核桃的皮都清理干净了，就开始去壳，剥出一个个鲜嫩的核桃仁。儿子忍不住生吃了一个，结果吐了出来，告诉我说："妈妈，这个核桃坏了，跟平时吃的不一样，好难吃啊。"我忍不住笑了："谁让你这么性急了，这是生核桃，而且是新鲜的，核桃皮有点涩，如果不煮熟就会很难吃的。"儿子若有所思地点点头。我想了想将核桃分成了3份：一份留着熬粥吃；另外一部分拿去阳台晒干；剩余一部分就用来制作琥珀核桃。

今天带给大家的这道美食就是琥珀核桃，因核桃裹上了一层琥珀色的糖衣而得名。儿子笑称这是：拔丝核桃。

琥珀核桃

儿子第一次看到没有去皮的核桃，很好奇地拿了一个仔细摆弄着，还喃喃细语："核桃原来长这样啊，像个小梨子。"当我把核桃的皮都清理干净了，就开始去壳，剥出一个个鲜嫩的核桃仁。儿子忍不住生吃了一个，结果吐了出来，告诉我说："妈妈，这个核桃坏了，跟平时吃的不一样，好难吃啊。"我忍不住笑了："谁让你这么性急了，这是生核桃，而且是新鲜的，核桃皮有点涩，如果不煮熟就会很难吃的。"

制作材料

主料：生核桃 300 克，水 200 克，黑芝麻适量

调料：红糖 200 克，蜂蜜 30 克

制作步骤

1. 将各种材料称量好备用。

2. 将生核桃过水打焯两分钟。

3. 将核桃放入烤箱 160℃，烤 20—25 分钟。

4. 红糖加水熬至浓稠，关火加入蜂蜜拌匀。

5. 将核桃倒入锅中翻炒拌匀出锅。

6. 撒上黑芝麻拌匀放凉即可食用。

Tips

① 生核桃过水打焯，去掉表皮的涩味。

② 烤核桃一定要注意温度和时间，各家烤箱不同一定要盯紧点，防止烤糊了，影响口感。

宝贝爱吃 48

听到栗子面小窝头这个名字，顾名思义就会联想到用栗子面做成的窝头，这就像老北京小吃驴打滚一样，容易让人混淆。因此，美食有时不能只看表面意思，如果知道美食背后的典故，一定会让你对美食的了解更进一步。

一日给儿子读《上下五千年》故事，说到"宋元明清后，王朝至此完"这句话时，儿子饶有兴致地问我："为什么王朝最后完结了？"我给他详细讲述了清朝没落的故事，其中最主要的人物就是慈禧太后了。儿子听了似懂非懂，孩子嘛，对于历史总归要慢慢去理解和接受的。

除了这历史沉重的一面，咱再说说轻松的话题吧。皇家宫墙之内除了宫斗之外，还是有很多值得一说的故事的。比如美食吧，谁不羡慕那宫廷菜啊。一说满汉全席108道，那口水就忍不住往下流啊。

难的咱不会，拣一样容易的学学也不错哦。大家对"栗子面小窝头"应该有所耳闻，但它却不是栗子面做的。究竟是什么做的呢？咱先说个小典故吧。

话说慈禧太后在八国联军入侵北京时，外逃中因饥饿尝到民间制作的窝头，感觉是人间美味，回宫后仍然念念不忘。御膳房为此特意试过很多方子来做，结果都

栗子面小窝头

话说慈禧太后在八国联军入侵北京时，外逃中因饥饿尝到民间制作的窝头，感觉是人间美味，回宫后仍然念念不忘。御膳房为此特意试过很多方子来做，结果都没能让她满意。后来，经御膳房的大厨们精心设计，终于做成了栗子面小窝头。说是栗子面窝头，其实是玉米面、黄豆粉和白糖混合做成的，因外形小巧得和栗子般大小而得名。

没能让她满意。后来，经御膳房的大厨们精心设计，终于做成了栗子面小窝头。说是栗子面窝头，其实是玉米面、黄豆粉和白糖混合做成的，因外形小巧得和栗子般大小而得名。据说慈禧太后非常喜欢，所以流传了下来。

这日，跟儿子讲完这些个正史和野史的故事，我们俩就一起做了这款栗子面小窝头，别说，小家伙做起事情来有板有眼，很是认真啊，不信有照片为证的哦！

制作材料

（16个小窝头）

面团材料： 玉米粉 150 克，黄豆粉 100 克，白糖 100 克，水适量

制作步骤

1. 将玉米粉、黄豆粉和白糖混合均匀。

2. 加入水慢慢搅拌成团。

3. 面团醒 10 分钟后开始揪剂子，并挨着个地做成小窝头。

4. 剩下的做成了大窝头。

5. 锅中上汽后入锅，蒸 15 分钟即可出锅。

Tips

① 玉米粉：黄豆粉：白糖 =3：2：2。

② 和面的水一定要是温水而不是凉水。

③ 和的面一定要比平时的硬些，这样的窝头蒸的过程中不会塌。

④ 做窝头时，在右手手掌上抹点水，然后用左手的食指蘸点水，右手握着剂子，左手食指对着剂子的底部中间钻出一个小坑，同时不停地旋转剂子，做成小窝状。

⑤ 做小窝头用食指钻出小窝，如果是做大窝头就换大拇指就行。

宝贝爱吃 49

　　第一次来北京听到"驴打滚"这个词，就感觉很新鲜。是头驴还要打个滚，这个东西它能吃吗？后来看到庐山真面目时，顿时觉得最初的想法很是可笑啊。

　　我们家的人对于糯米食品都无法抗拒，那种喜爱程度无法言表。糯米饭、糍粑、南瓜糯米饼等等，只要跟糯米扯上关系的，我们照单全收。

　　这个驴打滚我们第一次品尝还是在全聚德吃烤鸭时，逗爸点了这道小吃。逗爸和逗逗品尝之后连连称赞啊，回到家两人还津津乐道。得了，我明白了，这是明着给我施加压力，下任务了。

　　不就是驴打滚吗？我搜了一下网上的资料对比了几个不同的配方，然后凭着感觉自己计算了一个配方来实验。其实事情往往是这样，没做时觉得很神奇很麻烦，做起来了也就是那些步骤，并不难。

　　当我卷好了滚上豆粉，切成了块拿到爷儿俩面前晃时，原本还在读故事的两个人顿时眼前一亮，放下书，伸手一人一块吃得津津有味。哈哈，美食就是这么有魅力哈，人心又被收买了。

老北京小吃驴打滚

不就是驴打滚吗？我搜了一下网上的资料对比了几个不同的配方，然后凭着感觉自己计算了一个配方来实验。其实事情往往是这样，没做时觉得很神奇很麻烦，做起来了也就是那些步骤，并不难。

当我卷好了滚上豆粉，切成了块拿到爷儿俩面前晃时，原本还在读故事的两个人顿时眼前一亮，放下书，伸手一人一块吃得津津有味。哈哈，美食就是这么有魅力哈，人心又被收买了。

制作材料

主料： 糯米粉 150 克，澄粉（或者玉米淀粉）40 克，红豆沙和豆粉若干，植物油 25 克，水 250 克

调料： 白糖 15 克

制作步骤

1. 将除红豆沙和豆粉外的材料全部混合均匀，调成酸奶糊状。

2. 将糊糊倒入塑料袋中，放入盆子里，上锅蒸，大火 15 分钟即可。

3. 出锅后将塑料袋放凉一会。

4. 将熟面擀开，厚约 3 毫米。

5. 将塑料袋用剪刀剪开，面上均匀地涂抹红豆沙。

6. 将面块像做寿司一样地卷起来。

7. 将事先准备好的豆粉放入锅里翻炒至黄色。

8. 将面卷在豆粉中滚匀。

9. 将面卷切成小块即可食用了。

Tips

①刚出锅时很烫手，所以要等放凉了再操作。

②擀开时不能太薄也不要太厚了。

③最后用的豆粉是炒熟的，不是生粉。

宝贝爱吃 50

　　去年的十一，我们一家三口自由行去丽江，住在了古香古色的客栈里，每天游走在古镇的青石小道上，路北就能偶遇各种特色小吃，其中最让我流连忘返的就是云南的特色鲜花饼。看着店家手工制作的鲜花饼从烤炉中取出时，闻着饼香，就是一种享受，这就是云南的古早味道吧。儿子很是好奇地问我："为什么叫鲜花饼，它是饼，不是花啊？""因为它里面有馅，馅是玫瑰花酱做的，里面还有玫瑰花瓣呢。""难怪有股玫瑰花的香味，还纳闷是从哪里来的。"带着这个味道回到了北京，儿子和我都恋恋不舍。今年的中秋，第一款手工月饼就是玫瑰花酥饼了。刚烤出来时，微微放凉我就忍不住切开半块品尝了一下，结果被这香味诱惑得将另外半块一起消灭掉了。喜欢鲜花饼的你也来试试吧。

玫瑰鲜花饼

　　看着店家手工制作的鲜花饼从烤炉中取出时，闻着饼香，就是一种享受，这就是云南的古早味道吧。儿子很是好奇地问我："为什么叫鲜花饼，它是饼，不是花啊？""因为它里面有馅，馅是玫瑰花酱做的，里面还有玫瑰花瓣呢。""难怪有股玫瑰花的香味，还纳闷是从哪里来的。"带着这个味道回到了北京，儿子和我都恋恋不舍。

制作材料

（10 个鲜花饼）

油皮材料：普通面粉 140 克，白糖 7 克，猪油 50 克，清水 63 克

油酥材料：低筋粉 98 克，猪油 50 克

内馅材料：玫瑰花酱 150 克，黑芝麻 12 克，熟花生 12 克，糯米粉 25 克

制作步骤

1. 将糯米粉炒熟备用。

2. 将花生去皮碾碎和内馅其余材料一起混合成团备用。

3. 将油皮材料和油酥材料分别混合成团盖上保鲜膜醒发 10 分钟后，分成 10 等份，每份油皮约 26 克，油酥约 15 克。

4. 将油皮擀开成圆形。

5. 油皮包入油酥。

6. 将收口捏紧朝下放置。

7. 将步骤 6 擀开成长条。

8. 将步骤 7 卷起，收口朝下松弛 10 分钟。

9. 将步骤 8 再次擀开卷起，收口朝下松弛 10 分钟。

10. 将步骤 9 的侧面立起来压扁。

11. 将步骤 10 擀成圆形薄片，包入 30 克馅料，并将收口捏紧。

12. 将步骤 11 擀开成直径约 5 厘米的圆形饼坯子。

13. 将饼坯子摆放在烤盘上，用牙签戳一些小孔。

14. 烤箱预热 180℃，中层上下火，时间 20 分钟。

Tips

① 制作酥皮点心最重要的就是每一次擀开卷起后都要足够地松弛。

② 还可以在馅料里面加入食用玫瑰花瓣，味道更香浓。

宝贝爱吃 51

逗逗小的时候很喜欢吃棒棒糖，但是因为含糖量高所以很少给他吃，只是偶尔解解馋。有一阵他喜欢上了《猪猪侠》这部动画片，每次看到猪猪侠含着棒棒糖出场时他都开心地说："我是猪猪侠，我也要吃棒棒糖。"然后摆出各种猪猪侠行侠仗义的造型来，那模样很是可爱。夏天到了，除了冰棍之外，我就想能不能也做一款冰激凌棒棒糖，既能解暑还能满足儿子的口味。当儿子看到这款冰激凌棒棒糖时兴奋得举着它满屋子跑。

巧克力冰激凌棒棒糖

有一阵他喜欢上了《猪猪侠》这部动画片，每次看到猪猪侠含着棒棒糖出场时他都开心地说："我是猪猪侠，我也要吃棒棒糖。"然后摆出各种猪猪侠行侠仗义的造型来，那模样很是可爱。夏天到了，除了冰棍之外，我就想能不能也做一款冰激凌棒棒糖，既能解暑还能满足儿子的口味。

制作材料

（8根棒棒糖）

主料： 牛奶250克，蛋黄3个，淡奶油130克，芒果丁40克，黑巧克力200克，白巧克力50克

辅料： 香草荚适量

调料： 细砂糖40克

制作步骤

1. 香草荚取出香草籽放入牛奶中煮至锅边冒出细小的气泡离火。

2. 蛋黄加糖打发至颜色变浅体积膨胀。

3. 将牛奶倒入蛋黄中，边倒边快速搅拌均匀。

4. 将蛋奶液倒回锅中小火加热并搅拌。

5. 液体浓稠后停止加热冷却备用，即为做好的卡仕达酱。

6. 将卡仕达酱加入打发的淡奶油中拌匀，做成外交官奶油。

7. 混合好的外交官奶油倒入冷冻8小时的冰激凌桶中。

8. 启动冰激凌机的程序，时间40分钟。

9. 将冰激凌倒入球形棒棒糖模具的一半，放入几块芒果丁，让其稍稍冷冻凝固，然后倒入另一半中也稍稍冷冻凝固。

10. 然后将两半合拢扣在一起，插上棒棒冷冻至完全凝固。

11. 将黑、白巧克力隔热水融化。

12. 将棒棒糖脱模后浸入黑巧克力液中，随即取出放进冰箱冷冻凝固。最后用融化的白巧克力在上面挤出螺旋纹路的装饰即可食用。

Tips

如果家里没有冰激凌机器的话，可以将它装入密封盒子里放冰箱冷冻。一个小时之后拿出来用打蛋器搅打均匀，然后再次冷冻。过一个小时之后拿出来再次搅打均匀，之后就可以冷冻保存了。

宝贝爱吃 52

　　儿时记忆中，过节了妈妈都会做些不同花样的美食来增添节日气氛。那时手头有的食材远不如现在的多，妈妈总会有办法做出让我们惊喜的美食来。比如用泡好的海带粘上芝麻下锅炸成条，很脆很脆的口感，当做零食来吃；用绿豆打成粉做成绿豆丸子，干炸水煮都好吃；自己熬糖放入花生芝麻，冷却后切块做成芝麻糖块，脆甜可口……还有很多很多的美食数也数不清。那时候就觉得妈妈的手能变魔术，只要她看到的食材都能玩出花样来。每每都会期待过节，因为过节就会吃到妈妈用心做的花样美食了。

　　有了逗逗之后妈妈放假也会从老家过来看我们。这回的国庆节妈妈就来了，还带来了舅舅家自己种的红薯，很甜很甜。妈妈用红薯给我们做了红薯饼。逗逗高兴极了，说："姥姥的手艺真棒，我要经常吃姥姥做的饭菜。"姥姥听了笑开了花。

红薯饼

　　有了逗逗之后妈妈放假也会从老家过来看我们。这回的国庆节妈妈就来了，还带来了舅舅家自己种的红薯，很甜很甜。妈妈用红薯给我们做了红薯饼。逗逗高兴极了，说："姥姥的手艺真棒，我要经常吃姥姥做的饭菜。"姥姥听了笑开了花。

制作材料

（14个红薯饼）

主料： 红薯（去皮）300克，糯米粉300克，白糖100克，食用油适量

制作步骤

1. 将红薯去皮切块上锅蒸熟。

2. 将红薯压成泥，加白糖与糯米粉混合成团。

3. 将面团分成50克一个，搓圆了。

4. 将面团按扁。

5. 油入锅后烧热，将红薯饼下入锅中炸至两面金黄出锅放凉即可。

Tips

① 蒸熟的红薯放至不烫手后装入保鲜袋中，用擀面杖碾压成泥。

② 红薯泥：糯米粉=1：1。

③ 红薯本身很甜，所以加糖的量可以根据个人喜好。也可以在面团中包入豆沙馅，味道也很棒。